Basic of Measurement Technology

はじめての
計測技術・基本

上野 滋 著

Ueno Shigeru

は　じ　め　に

　考えてみると，ものの大きさを計ることは子供のころから無意識のうちに行なっている．たとえば，友だち同士で集めた石の数を比べたり，もらったお菓子の大きさを比べて自分のが小さい，と泣いたりしたものだ．
　そのうちに，もっている箱の中に入る，入らない，といった比較と測定の世界に成長し，ついには学校の授業で物差し，はかりなどの測定具で値を得るようになる．したがって計ることは我々の生活にきわめて密着した行ないであることに気がつく．
　本書は計測技術について話すことになっているが，すべてを話すにはとても広範囲であり，しかも限られた分野のみになることも多い．そこで，これからの社会にとって重要な小型化，高精度化に大きく関係する計測技術，すなわち計ることのなかでも精度の高い，いわゆる精密計測を中心に話すことにしよう．
　戦後しばらくまでは，精密計測とはゲージを計ることを意味していた．その後，光学技術の発展と，電子技術の進歩により，一般に我々が生産する品物の精度が高くなり，昔のゲージなみの精度が大量生産部品に要求されるようになった．
　このときから精密計測は特殊な計測ではなく，普通の計測技術の1つとなったのである．これからの世界はますます細密，高精度化が進むと思われ，その際にもっとも必要な知識は細かいものを計る技術である．
　本書ではゲージの測定(ゲージの精度を校正すること)には，ほとんど触れずに，機械技術一般の測定に必要な知識を中心として進めることにしたい．さらに具体的な個々の測定機器による測定方法についてはあまり触れず，概念的なものを重要視して述べていくこととする．具体的測定技術に関しては専門書もあり，まず概念をわかってもらうことが，もっとも重要と思われるからであ

る．

　さて，計る（測る）ということは，もの自体の姿形だけでなく，そのものの全体に及ぼす影響力も数値として示すことを可能にする第一歩なのである．いわゆる効率とか，あるいはむだを検討するためにも，不可欠な作業の1つである．

　たとえば，近ごろとみに話題となっている環境問題において自動車を考えてみても，まず必要かつ十分な強度をもつ本体構造を考え，その構造が実現できるような加工方法，そして寸法重量の管理を実施することにより，何割というオーダでの資源節約が可能となる．極端な例では航空機の場合，翼の部材の厚みが0.02mm増えるだけで数百kgの質量増加となり，ジェット旅客機の燃費に大きく影響することもある．またきちんとした管理によりスクラップの発生も少なくなるである．

　軽い，ということは燃費の問題だけでなく，有害物質を空気中に撒き散らすことを軽減するので，環境改善に大いに貢献する．

　最近は測定そのものが，我々に密接に影響する事柄も多くなってきている．少し前だが，一例を示そう．1999年12月26日付の朝日新聞に原子力発電所の核燃料の品質検査データが納入元の英国でねつ造されていた，という記事が載っていた．

　これによると核燃料のペレット（核燃料物質を焼き固めたものの名）の大きさは，直径8.2mm，高さ11.5mmであるが，その寸法範囲は直径8.179～8.204mmでなければならない．すなわち，0.025mmの範囲でしか直径は狂ってはいけないことになっている．ところが納入元のBNFL（英国核燃料公社）は計りもせず適当な数値を記入してきた，という内容である．ここではきわめて微妙な核分裂のための燃料の寸法の厳しさが示されており，これをはずれたものを用いれば大事故になり兼ねない性質のものなのである．

　歴史的に，計ることは国を治める上での重要なこと，として扱われてきた．その現れの1つとして，**度量衡**という言葉が中国に生まれている．この「度」とは目盛りをふることであり，「量」は容積，そして「衡」とはバランス，すなわち天秤のことを示す．後に示すが，税金を取るうえで計測技術と，その基準の設定はきわめて重要であった．

年貢を多く取立てたいときには升の大きさを少し大きくする，あるいはものさしの長さを少し長くし，それで取立て量を増やしてきた．その結果，同じ基準の長さが1割近く伸びているケースもある．このような傾向は政治が安定して，はじめて止まったのである．いい替えれば古代では，度量衡が安定しているところが安定国家といっても差し支えないほどに，よいバロメータとなっている．

2016年3月　　　　　　　　　　　　　　　　　　　　　　　　　　　　著　者

はじめての計測技術・基本

目次

はじめに

第0章 言葉の定義と「計」「測」
- 0.1 計測における単語の意味 —— 2
- 0.2 計る, 測る, 量る, 図る, そして謀る —— 4

第1章 はかることの基本 —— 度量衡とは
- 1.1 はじめに糸ありき, そして水面があった —— 8
- 1.2 手足の長さから出た基準
  —— ものづくりの基準長さは手の寸法から, そして農業の土地の測量は足の寸法から —— 10
- 1.3 人間の体の大きさと単位
  —— 生活に結びつく計測 —— 13
- 1.4 前と同じ, いつも同じ, の大切さ —— 15
- 1.5 割り切れない問題 —— 15
- 1.6 6の倍数, 10の倍数 —— 15
- 1.7 外国技術とともにきた海外基準 —— 16
  中国における尺度の変化 17
- 1.8 1mとは? 1kgとは? —— 単位の定義 —— 18
- 1.9 SI単位系 —— 19

第2章 機械計測の範囲
- 2.1 20℃, これが基本だ —— 24

v

2.2 物理と計測 ―――――――――――――――――――25

2.3 長さ，形状，温度，振動，色，その他 ―――――25

2.4 管理と計測
　　―― 測定値の確かさ（不確かさ），これからの測定の表現方法の
　　　主流 ―――――――――――――――――――26

2.5 計測と制御 ―――――――――――――――――32

2.6 ISO9000 と計測 ―――――――――――――――33

2.7 測定結果の表現
　　―― 測定値のまとめ ――――――――――――37

2.8 温度の影響 ――――――――――――――――39

2.9 力，荷重による変形
　　―― 自重による変形，荷重による変形 ―――――42

2.10 フックの法則 ――――――――――――――47

2.11 自重によるもう1つの変形 ――――――――――50

2.12 振　　動 ―――――――――――――――――52

第3章　長さの計測

3.1 直径を計る ――――――――――――――――58

3.2 ものさし，巻尺の使い方 ―――――――――――59

3.3 アッベの定理 ――――――――――――――――61

3.4 ノギス ―――――――――――――――――――64

　3.4.1 副尺の原理　66

3.5 ねじの応用 ――――――――――――――――69

3.6 マイクロメータ ―――――――――――――――70

3.7 現場の長さの基準，ブロックゲージ ――――――78

3.8 ダイヤルゲージ ―――――――――――――――80

3.9 万能測定器としての3次元測定機 ―――――――84

　3.9.1 3次元測定機で計れるもの　85

3.10 電子化計測機器

　　　　　──デジタルマイクロメータ，デジタルノギス，デジタル
　　　　　ダイヤルゲージ──────────────────92
　3.10.1　電気マイクロメータ　92
　3.10.2　ものさしの進化──デジタルスケール　94
　3.10.3　目盛りの分割　98
　3.10.4　デジタルマイクロメータ　100
　3.10.5　デジタルノギス　102
　3.10.6　デジタルダイヤルゲージ　102
3.11　光波干渉とメートルの基準────────────────104
3.12　レーザ干渉測長器───────────────────107
　3.12.1　HP社のレーザ干渉計　108
　3.12.2　レニショーのレーザ干渉計　111
3.13　他の変位計測機器────────────────────114
　3.13.1　超音波による変位量の計測　114
　3.13.2　静電気による変位量の計測　114
　3.13.3　光による変位量の計測　116

第4章　形状の計測

4.1　形の測定技術─────────────────────122
4.2　真円度の測り方────────────────────123
4.3　粗さの測り方
　　　　　── 粗さの測定器 ─────────────────128
　4.3.1　触針式粗さ計　129
　4.3.2　非接触表面粗さ測定　133
4.4　真直度の測り方────────────────────134
　4.4.1　真直度とは　134
　4.4.2　レーザによる測定　138
4.5　角度の測定──────────────────────139
　4.5.1　直角の測定　140

4.5.2 任意の角度の測定 140
 4.6 その他の形の測り方 ——————————————— 144

第5章 機械計測に及ぼす他の量の計測
 5.1 温　　度 ————————————————————— 148
 5.2 力，圧力 ————————————————————— 151
 5.3 振　　動 ————————————————————— 152
 5.4 応 用 編
 　　—— 工作機械の運動精度の測定 ————————— 154
　　5.4.1 位置決め精度の測定方法　154
　　5.4.2 テーブルの運動精度の測定　155
　　5.4.3 運動軸の相対的位置の確かさの測定　157
　　5.4.4 回転角度精度の測定　157
　　5.4.5 制御精度の測定　159

第6章 これからの機械計測
 6.1 マクロからミクロへ ———————————————— 164
 6.2 GPSとその原理の応用 ——————————————— 165
 6.3 原子レベルの計測
 　　—— AFMとSTM ———————————————— 167
 6.4 CTスキャン ——————————————————— 169
 6.5 複合計測技術 —————————————————— 171
 6.6 計れないものを計る ——————————————— 172
　　　　　　付　　　表 ————————————————— 175
　　　　　参考・引用文献 ————————————————— 179
　　　　　　参考文献 —————————————————— 181
　　　　　　おわりに —————————————————— 185
　　　　　　さくいん —————————————————— 187

───── コラムのインデックス ─────

1. 中世の長さの基準　　　　　　　　　　　12
2. メートルとヤードの違いで, 1 億 2500 万ドル
　　の宇宙船が火星に届かず　　　　　　　18
3. 糸ほどまっすぐなものはない？　　　　　22
4. ドイツのビールグラスの目盛　　　　　　45
5. お金で作る分銅　　　　　　　　　　　　55
6. ノギスで卵の直径を計る　　　　　　　　65
7. モーズレイのベンチマイクロメータ　　　76
8. 100 円ショップで 30cm ものさしを買う　83
9. 万歩計の目的　　　　　　　　　　　　107
10. 卵を真円度測定機ではかる　　　　　　128
11. 誰でもできる平面基準　　　　　　　　137
12. 30cm から 1 cm が作れるか？　　　　145

第0章
言葉の定義と「計」「測」

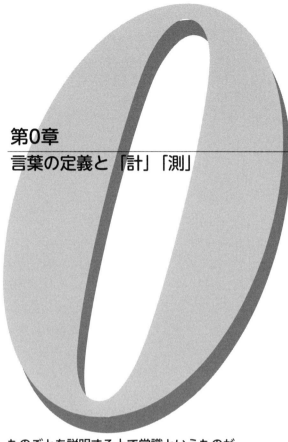

ものごとを説明する上で常識というものがある．誰でもが基本的に知っていなければいけない知識，それが常識であるが，困ったことに少し専門的な話をしようとすると，その分野での常識を前提としなければ，大変話を進めにくいことがある．

計測の分野では特別に理屈っぽい人が多く，ものの言い方をまちがえると大変怒られる，これがこの世界の常識である．

そこで本論に入るまえにこの章では，ベースとなる大事なことをいくつか書くことにしよう．

しかしながらあまりに常識にとらわれると，見えるものも見えなくなる．ここが実は，一番大きな問題なのだ．

0.1　計測における単語の意味

　最初に一番基本的で大事な言葉の定義の話をしよう．
　ふつう我々は"正確"とか，"高精度"という言葉をよく使用している．しかしこれらの単語を正しく，あるいは全世界で共通に認められた表現で説明するとどのようになるかを，まず示しておきたい．
　現在計測分野においては世界的な約束事として，「国際計量用語集」(VIM: International Vocabulary of Metrology-Basic and general concepts and associated terms) がある．計量の基礎となる量や単位の定義，測定標準，測定方法，測定装置，評価方法などに関しては，基礎科学，産業振興，法的規制などの観点から専門分野間，さらに国際的に相互に受け入れられる総合的・普遍的な用語の定義が要望されており，BIPM（国際度量衡局），ISO（国際標準化機構）をはじめとする，8つの国際組織の間で用語委員会が組織されて審議が行なわれた．
　その結果，ISO/IEC Guide 99 として VIM 改訂第3版が 2007 年 12 月に ISO より発行された．なお，VIM の最新版は，JCGM200:2012 International vocabulary of metrology-Basic and general concept and associated terms 3rd edition となっている．
　ここにはいくつかの重要な言葉の定義が英語でなされている．そこでまず英語の単語を示し，ついでにこれに対応している訳語，あるいは日本の規格に示されている言葉を挙げよう．
　最初は "Accuracy" である．Accuracy は定性的な概念で，「精密さ」とは異なるので混同してはいけない，とある．一方，「Z8103-2000」（計測用語）に，精度：測定結果の正確さと精密さを含めた，測定量の真の値との一致の度合い，とある．ところが，JIS Z 8101：1999（統計―用語と記号）では，「測定結果と真の値との一致の程度．真度と精度を総合的に表わしたもの」と記述されていた．
　ここで「真度」という耳慣れない言葉が出てきたが，これは英語の

"trueness"に対応させたもので，Z 8101では「真の値からのかたよりの程度」と定義つけられている．

問題は，同じ言葉をZ8402では，真度，正確さ：「多数の測定結果の平均値と採択された参照値との一致の程度」と定義して，真の値という言葉を避けていることである．

ここまででお気づきだと思うが，片や"真の値"，片や"採択された参照値"と，いうところが大きく異なるところである．真実は存在しないのか，あるいは永久に真の値はわからない，という態度が一貫しているためである．

もう1つ"precision"という言葉がある．一般に"精度"と訳しているが，その定義はZ 8103:2000では精密さ，精密度と訳し，ばらつきの小さい程度としている．Z8101-2では精度，精密度，精密さという．言葉は異なるが，感じとして似たようなものであることが理解できよう．

最後は"uncertainty"である．この訳は"不確かさ"である．正確さの裏返しのような表現であるが，現在ではこの言葉が主流となりつつある．ISOの定義では，「測定の結果に付随した，合理的な測定量に結び付けられる値のばらつきを特徴づけるパラメータ」となっている．まったく理解不能，といってもよいが，簡単にいえば測定した値のばらつきを表わす言葉である．この不確かさについては，章を改めて説明したい．

JIS Z8103:2000では合理的に測定量に結び付けられ得る値のばらつきを特徴づけるパラメータ，これは測定結果に付記される．ただし，①パラメータはたとえば標準偏差（またはその倍数）であっても，または信頼水準を明示した区分の半分であってもよい．②測定の不確かさは，通常，多くの成分からなる．それらの成分の一部は，一連の測定結果の統計的分布に基づいて推定可能で，試料標準偏差で示すことができる．その他の成分は経験または他の情報に基づいた場合に限り推定可能である．③測定の結果は，測定量の値の裁量推定量であると理解されている．また，補正や参照水準に付随する成分のような系統効果によって生じる成分も含めた，すべての不確かさの成分はばらつきに寄与すると理解されている．

以上を読んですぐわかる人は，実は本書を読む必要のない方々で，そこでも

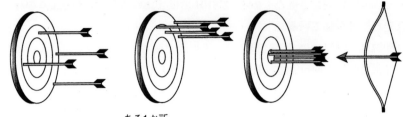

全体のばらつき：不確かさ　　ある1か所ばらつかない：精密　　中心にあたる程度：真度

図0.1　弓を射る人と的。ばらつきと正確さ

う少し，くだけた説明をしよう．図0.1のように弓で的を射る人がいて，的をめがけて何本か矢を射たとする．このとき的の中心がここでいる真の値で，実際に当たった場所が測定結果である．すると的の中心からどれだけ外れているかが真度であることがわかり，正確さは，全部の矢がどれくらい中心に向かって当たっているかの程度を表わす言葉といえる．

次の精度は，全部の矢がどれくらいまとまって的に当たっているかを表わしている．ここでは中心から外れている量は問題にされない．たとえば10本射れば，その10本のばらつきだけを考えるのである．

そして最後の不確かさは，1週間，あるいは1か月同じ的を射たときのすべての矢の当たった位置のばらつきぐあいを表現していると思えばよい．

少なくともここまでの範囲では，「セイカクサ」を重んじる計測の分野でも，なかなか細部まで物事は一致しない！　ということが，よくご理解いただけたことと思う．

0.2　計る，測る，量る，図る，そして謀る

"はかる"という言葉にはいろいろな漢字が当てはめられる．久しぶりに広辞苑を引いてみる．すると「仕上げようと予定した作業の進捗状態を数量・重さ・長さなどについて見当をつける意．」とあり，「①数量をはかる（計，測，

量).②物事を推し考える（図，計，測）．③よいわるいなどの見当をつける（諮，計）．④企てる，もくろむ，工夫する（謀，計，図）．⑤欺く，だます（謀）．」などがでてきた．

　どうやらこの本の守備範囲は，①のようであるから，使える漢字は計，測，量の3つである．いままでいろいろな本で見る範囲では，最後の"量"は体積，容積，目方の場合によく用いられているようであり，比較的イメージともあう．問題は"計"と"測"である．わるいことに"計測"という言葉だってある．また"計量"という言葉もあり，まったく困る．

　もう一度辞書をよく見る．すると"計"の字はどうやらもともとは「はからう，処置」の意味であるようで，"測"は「はかる，物の広さ，長さ，量などをはかること」とあるが，「推し量るの意味もある」と書いてある．こうなるとひらがなで書くのがもっとも間違いのない書き方なのかもしれない．そこで本書では適当に，"計"と"測"を使って書いたが，その差に他意はないことをあらかじめお断りしておく．

第1章
はかることの基本―度量衡とは

　考えてみれば，ものさしは同じものを複数つくる必要があって，はじめて必要となるもので，自分だけですべてのものを製作し，使用している場合には用がなかったのである．
　また，他の品物との関係が出てきて必要になる道具である．したがって，ものづくりに分業体制ができて，はじめてその必要性が出てきたのである．
　同様に目方，容積も物々交換，あるいは税の取りたて，という概念が発達するまでは無用のものであった．ここではこうした単位系，計測の起源となるところの，話をしよう．

1.1 はじめに糸ありき，そして水面があった

ものさしは，同じものをつくる必要があって，はじめて必要となるもので，自分だけですべてのものをつくり，使用している場合には用がなかったのである．したがって，ものづくりに分業体制ができてはじめて必要性が出てきたのである．

人類が自らの手でつくったものを測り始めたのは，いったいいつごろ，また何のためだったろうか．この命題に対する答は，あるいは永遠に見つからないかもしれない．

しかしながら，いろいろな文献を調べていくうちに，たどりついた1つの古い記録は，BC（紀元前）1450年のものだった．**図1.1**は，エジプトの**テーベの墳墓**から出土した壁画であるが，ここにはピラミッドなどの石を加工する石工の作業風景が描かれており，左のほうでは**水準器**を使って表面仕上げを行ない，さらに右では最後の仕上げをして，糸を張ってその**平面性**を調べている．

エジプトのテーベの墳墓の壁画に見られる石工の加工風景＝紀元前1450年頃

図1.1 テーベの墳墓の壁画[1]

糸を使って**真直性**（まっすぐさ）を測るという作業は，現在でも行なわれており，その歴史の古さに驚かされるが，その検出精度は意外に高く，良質の糸を用いれば，0.1mm 程度の誤差は容易に見つけることができる．

こうしてみると，私たちの先祖がはじめて手にした当時の超精密測定機器は，糸であったような気がする．

さらに図 1.2 の例がある．ここには，BC1100 年ころのテーベ出土の**曲尺**，**水準器**，そして**下げ振り定規**が示されており，地面に対する直角を保証するための測定具として，やはり糸が応用されていた．こうした例を見ると，1 本の糸が果たした役割の大きさを感じることができよう．しかしながらこれらの例は，目盛をもって数値化するものではない．では，目盛をふる，すなわち単位を用い始めたのは，いつごろからだったろうか．

テーベ出土の曲尺，水準器と下げ振り定規

図 1.2　テーベ出土の測定具[1]

1.2 手足の長さから出た基準
―― ものづくりの基準長さは手の寸法から，
そして農業の土地の測量は足の寸法から

　古代には，人間の体の一部の寸法が基準として使われていたが，近代的な無機物の大きさを基準とし始めたのは，私たちの知る限りではBC4000年頃だろうか．BC3000年頃のインダス河流域にあった**モヘンジョダロ**遺跡からは，石灰石製のものさしの破片が見つかっているといわれている．

　この破片は，単に等間隔に線が引いてあるだけのものであるが，BC1550年頃になるとエジプトでは，**図1.3**に見られるような**主目盛**，**副目盛**のあるものさしが出現する．ここに至って私たちは，評価をするための共通の足場を築いたのである．

　ところで，どこまでも好奇心の旺盛な人々にとっては，図1.3はまた新たな疑問の出発点でしかない．それは，このような等分割目盛をどのようにして刻んだか，ということである．

　まず全長であるが，これは世界中で広く標準とされていた人体寸法長，肘から手の先までの長さ（これを「**キュービット**」といい，約500mm）であり，すでに固定されている．そして分割数の28は，当時の暦のひと月の日数から

エジプトのアメン・ヘテプ1世（上）とその高官との王室腕尺

図1.3　エジプト時代のものさし[2]

取ったものであり，さらに7つに分けてあるのは，現在の1週間に対応する．

とすれば，全長を28等分する工夫をしなければならない．その答は，おそらく**図1.4**に見られる**デバイダ**であろう．これらはイタリアのポンペイで発見された器具であるが，デバイダについてはさらに以前から使われていたと思われる．さて，デバイダを使用したとすると，2分割，4分割までは問題ないが，残りの7分割はどのように行なったのだろうか（**図1.5**）．おそらく，少しずつ幅を変え，ちょうど7分割できる値を見つけたのであろう．かくして人類は，目盛とそれを刻む手段を手に入れたのである．

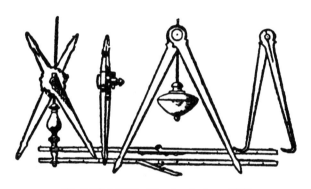

ポンペイ出土のコンパス，キャリパー，水準器

図1.4 古代のデバイダ[3]

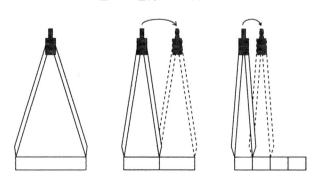

図1.5 2の倍数はこの方法でできるが，1/7は？

コラム 1

中世の長さの基準

　中世期には，いろいろなものを基準として長さの単位を作っていた．たとえば，12世紀英国のヘンリー一世は1ヤードを自らの鼻から足の親指までの長さとした．そして16世紀には図に見られるように教会に来た16人の人の左足の長さを基準として長さを制定していたこともある．

　図は1531年ドイツで出版された本からとったものである．ここでは2つのルールが働いている．1つはサンプリングである．教会にきた人からランダムに16人選んでいる．したがってここで偏りの影響を少なくしている．第二は平均化である．16人選ぶことにより，統計的にも母集団として適当となってくる．さらに16というのは2のn乗の関係にあることから，2分の1を繰り返すと平均的な足の寸法を求めることが容易にできる．

　ただし，図をよく見ると靴を履いている．したがって，かかとや爪先部分の減り様によっては値が狂うことは必定．どうやってこの辺の問題を解決したかは不明である．

　なお，この絵に関してあるアメリカの論文はイギリスでの例と書いてあるが，これは間違い．ドイツが正しい．このように論文にも間違いは一杯ある．だからいつまでも新しい本が書ける？

1.3 人間の体の大きさと単位
──生活に結びつく計測

　現在のような近代的な技術の生まれる以前，人類はどのようにしてものの大きさを表現，あるいは管理していたのだろう．大きさの管理は，他のものとの比較，という行為を行なわない限り，本来必要のないことなのである．したがって，だれか他の人とものを交換する，あるいは同じものを複数つくる必要性があって，初めて大きさの基準，という考えが生まれ出てくる．

　いままでの多くの研究によれば，かなりの昔（紀元前数千年）より行なわれているようで，人間というものは考えようによっては少しも，基本は進歩していない．ここでいつごろからこのような事柄が行なわれていたか，ということを述べるのは本書の本意ではないので，歴史的な時間スケールは抜きにして大きさの決め方の話をしよう．

　大変不思議なことに，動物は同じ種族であればほぼ似通った大きさの体をもっている．おそらくは遺伝子の構造がこれらを決めているのだと思うが，日本人の平均的な体の大きさと，ヨーロッパ人の体の大きさは確かに違うが倍は違わない．せいぜい30％程度の範囲である．いま同一人種の範囲，同一世代で考えると，そのばらつきはもっと小さくなる．

　そこで当然気がつくことは，自分自身の体の大きさをもって基準とする，という方法である．面白いことに世界中の人間が，独立に同様な発想をもっていた．その結果，一歩の歩幅，手を広げた大きさ，手の幅，腕の長さ，指の太さなど，いろいろな人体寸法が基準として使われはじめたのである．**図1.6**はそのいくつかの例であるが，手を広げた幅が**尋**（ひろ），腕の長さが**キュービット**（キューピットではない），足の長さが**フィート**，手の幅が**尺**などである．

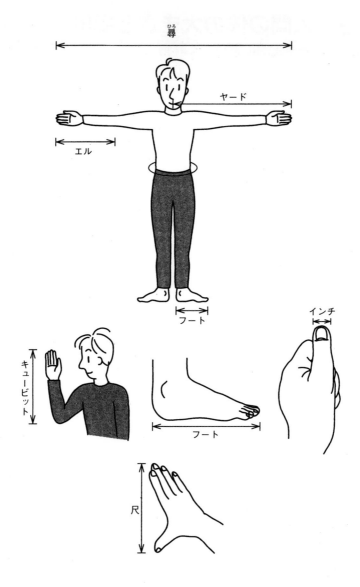

図1.6 人間の大きさと単位

1.4 前と同じ，いつも同じ，の大切さ

　さて，こうした人間サイズ基準でのやりとりにもだんだんルールが必要になってくる．最初のうちはおおらかに物々交換が行なわれているが，前回の交換レートと今回は違うので，「俺は損をした」という考えが出てくるのは当然である．そこで，どうするかという問題である．歴史的には取りまとめ役の人間の寸法（具体的には王様など）を用いる，というのが比較的多く，ヨーロッパでは近代以前までこうしたルールが罷り通っていた．

　では，指幅より小さい寸法はどうしたか，というと，これにもいくつかあり，たとえば穀物の種の大きさなどが用いられていた．したがって，すべて生活に密着したところから発生し，発達したということを忘れてはいけない．

1.5 割り切れない問題

　さて，一歩の歩幅と手を広げた大きさ，そして手そのものの幅，指，これらの大きさはみな異なる大きさをもっている．「その間には関係がない」，という関係がある．けれども独立では実際上大変困る．たとえば布の長さが2歩と片腕1つに指3本，という表現をしなければならないとしたら，不便この上ない（実際には似たような表現をしているところもあると聞く）．そこである程度の丸めが行なわれる．たとえば，指10個が手の長さに比例する，というように．このようになるともはや実際の長さから少し抽象的な値の世界に動いてゆく．けれども基準が1人の人間の寸法であれば，こうした抽象化は，けして困ることではなく，かえって計算が行ないやすくなる利点がある．

1.6 6の倍数，10の倍数

　ものを2つに分けることは最も簡単な動作であり，精度も高くとることができる．目方であれば天秤でバランスが取れるまで調整すれば可能であるし，長

さであれば2つ折りにすれば二等分もできる．この方法を延長していけば2，4，8，16等分は容易となる．が，我々のなじみ深い6の倍数による**12進法**，**60進法**は出てこない．さらには近代的な**10進**も現れない．12進法はどうやら寸法の世界から出たものではなく，時間の世界から出たようである．

1年間（同じ季節が再び巡りくること）の日数が大体360日，月の満ち欠けの周期が30日，これから12か月が出てくる．こうして60進法の基礎ができる．もっともこれには別の説があり，10は2，5の2つで割れるが，12は2，3，4，6と4つの数字で割り切れるので便利だから，というのもあるが，著者は多分前の理由ではないかと思う．

1.7 外国技術とともにきた海外基準

我が国の長さの基準は，いままでの研究の結果，中国，朝鮮より伝わったとされている．古代（大和朝廷時代）の朝鮮，中国より陶磁器，絵画，その他，多くの技術をもつ職人が伝来するとともに，度量衡基準もあわせて渡来してきた．考えてみれば職人が他所で仕事をする場合には，道具一切をもってくるのは常識である．したがって，このとき一緒に物差しがきたことは，十分うなずけるのである．

日本の統治者はなかなかに賢く，**度量衡**の重要さを早くからわかっていたようである．そのため日本の最初の度量衡制度は**大宝令**（701年）で，このとき「度」と「量」が規定されている．

その後，戦国の世を経，**太閤検地**という有名な長さ，面積に関わる出来事があった後，江戸時代となり，明治時代に至る．そこでまったく同様のことが再度起こった．それは明治維新時の欧米よりの科学技術の導入である．明治政府は国の近代化と，富国強兵のため，積極的にヨーロッパ諸国の科学者，技術者を招いた．このとき**メートル法**の導入が行なわれたのである．

中国における尺度の変化

このような基準となる長さは，実は不変ではなかった．同じ国の中でも政情により基準が変化したことが知られている．**図1.7**はそのよい例である．紀元前から現在に至るまでの中国と日本のものさしの長さを調べたものであるが，驚くべきことに，AD500年ごろ中国で20％にも及ぶ長さの増加が見られる．その理由は明らかではないが，基準が伸びれば税収が増加する．これが目的であろうことは十分に想像できる．一方で日本は，尺度が輸入されたAD700年ごろよりずっと安定している．

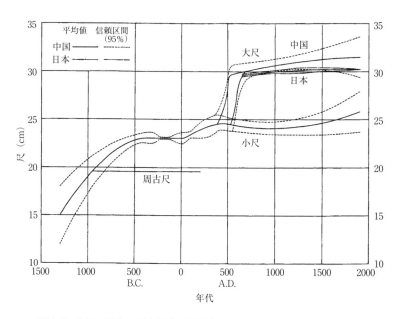

図1.7　中国と日本の長さ標準（計量史研究，1994, 16-1, 岩田重雄）

1.8　1mとは？　1kgとは？
――単位の定義

　現在我々が生活で使用している大きさの単位は，長さではm（**メートル**）であり，質量ではkg（**キログラム**）である．昔は1mの長さを示す**メートル原器**というものがあり，その長さを基準として世界中の長さが決められていた．しかしながら世の中で変化しない物体はないことから，特定のものに基準を委ねるのではなく，自然界にある現象に単位の基準を求めることとなった．その結果，1983年，**1m**は光の真空中の速さを基とすることになった．具体的には1秒間に光が真空中を走る長さの299,792,458分の1を1mとする，となったのである．

　他方，質量はいまだに**キログラム原器**という人の作った人工物にその基準を委ねている．**図1.8**は，フランスはパリ郊外にある**国際度量衡局**（BIPM）に保存されているキログラム原器の外観である．このように表面が汚れて目方が変化しないように内部を真空にしたガラス容器の中に保存されている．実際に

コラム 2

メートルとヤードの違いで，
1億2500万ドルの宇宙船が火星に届かず

　NASAの科学者たちはメートルを用いて計算を行なっていたのに対して，宇宙船を作ったロッキードマーチン社ではインチ，ポンドを用いて製作していた．その結果，両者の会話がうまく行かず，宇宙船は60マイル（97km）コースをずれてしまったという．NASAではこのようなミスは2度としないと声明した．

図1.8 キログラム原器[4]

はこのキログラム原器の目方を移した（なるべく同じ目方になるよう加工された）副原器が世界中に配られており，各国ではその副原器を基準として自国の質量を管理しているのである．

1.9 SI単位系

現在日本では，いろいろなものの単位を示すのに**SI単位系**というものを用いている．SI単位系とは国際単位系の略でフランス語の（Systeme International d'Unites）の頭文字を取っている．まずその基本をなすもの，これを基本単位という．長さの**メートル**，質量の**キログラム**，そして時間の**秒**である．これがすべてのベースとなっているが，他の重要な基本単位として電流の**アンペア**，温度の**ケルビン**，物質量の**モル**，そして光の光度**カンデラ**があ

19

表1.1 単 位

(a) SI 基本単位

量	名 称	記 号
長　　さ	メートル	m
質　　量	キログラム	kg
時　　間	秒	s
電　　流	アンペア	A
熱力学温度	ケルビン	K
物 質 量	モル	mol
光　　度	カンデラ	cd

(b) 基本単位を用いて表現されるSI組立単位の例

量	SI単位	
	名　称	記号
面　　　積	平方メートル	m^2
体　　　積	立方メートル	m^3
速　　　さ	メートル毎秒	m/s
加　速　度	メートル毎秒毎秒	m/s^2
周　波　数	メートルマイナス1乗	m^{-1}
密　　　度	キログラム毎立方メートル	kg/m^3
比　体　積	立方メートル毎キログラム	m^3/kg
電 流 密 度	アンペア毎平方メートル	A/m^2
磁界の強さ	アンペア毎メートル	A/m
（物質量の）濃度	モル毎立方メートル	mol/m^3
輝　　　度	カンデラ毎平方メートル	cd/m^2

る．

　この7つの単位を基にして他の単位が作られている．たとえば，力のN（**ニュートン**）は $m \cdot kg \cdot s^{-2}$ であり，圧力のPa（**パスカル**）は N/m^2 あるいは $m^{-1} \cdot kg \cdot s^{-2}$ となる．

　表1.1はSI基本単位と，それらより作られる単位（これを組立単位という）を示したものである．

　我々がよく使うcmとかμmという言葉があるが，これらは1mの何分の1か，ということを表すc，μ，nを付けた言葉である．ちなみに，1/10はd（**デシ**），1/100はc（**センチ**），1/1000はm（**ミリ**），1/1000000はμ

（**マイクロ**），1/1000000000 は n（**ナノ**），そしてさらにナノの 1/1000 は p（**ピコ**）である．

これら SI 単位系の関係とその確かさは，どうなっているだろう．**図 1.9** は国際単位系を構成する 7 つの基本単位の関係図である．これら 7 つの単位の中で最も定義の桁数が多いのが時間（s）で 10^{-14} に及んでいる．逆に最も粗いのが光度（cd）で 10^{-3} である．長さは 10^{-12} でよい線をいっているとよい．キログラム，アンペア，モル，ケルビンは，近い将来定義が変わるかもしれない．たとえばキログラムはアボガドロ定数かプランク定数から，アンペアは一秒間に流れる電子の数で，モルはアボガドロ定数から，そしてケルビンはボルツマン定数からとなりそうである（2011 年第 24 回 CGPM 国際度量衡総会による改正定義案）．

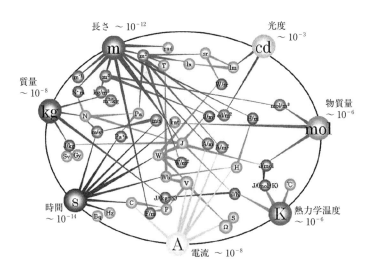

図 1.9 国際単位系（SI）を構成する 7 つの基本単位（産業技術総合研究所の資料より）

コラム 3

糸ほどまっすぐなものはない？

　建物を建てるときに糸を張って，それに合わせて材木を揃えている操作をよく見掛ける．そこで考える．糸ってそんなにまっすぐなのか？　だったらどこまで正確な基準として使えるのか．同じようなことは当の昔に偉い人が考えている．そこでまず古い例としての絵をお見せしよう．

　図1.3は，エジプトのピラミッドの時代BC1550年の壁画にあるもので，下げふりのようなもので垂直を出している．現在とちっとも変わらない．

　では計算例は，というと1941（昭和16）年の東京工業大学海老原敬吉先生の精密測定の本に，糸のたるみの計算が出ている．ここではどんなに細い軽い糸でも自分の目方に耐えかねて弛んでしまうので，その量が計算されている．したがって上下方向にはまっすぐとはいえないことになる．他方，左右方向はどうかというとこちらは糸自身のくせ，曲がりが影響する．であるからなるべくこしの弱い，しかし引っ張りに強い糸を用い，両端を強く引っ張るとまっすぐな基準を作ることができる．

第2章
機械計測の範囲

　機械計測．近代工業の発展に国際的な標準は不可欠のものである．自動車を考えてみよう．日本で作った自家用車のタイヤ，スパークプラグの形がアメリカのそれと異なっていたらどうなるだろう．まったく輸出できないか，あるいは全部の部品をアメリカにもっていき，故障の予備としてストックしておく必要が出てくる．

　もしも世界中でこのような部品の形，取り付け方法が共通化していたら，サービスはとても簡単になる．そのためにも物を測り，数値化する技術が発展し，共通化する必要があるのである．

　そしてまたこの計測技術の基本は，物理学であることを十分に認識する必要がある．

2.1 20℃,これが基本だ

　計測の標準温度は20℃である．我々の生活で使用している寒暖計は0℃が基準となっている．それなのに工業における標準温度は20℃となっている．この理由はどこにあるのであろうかまた．なぜ標準温度が必要なのだろうか．

　ではまず，後の疑問から答えよう．後にも説明するが，すべてのものは温度の変化に応じて大きくなったり，あるいは小さくなったりする．中世のように大体1mm程度が最小単位であったころには，温度によるものの変化などはほとんど問題にする必要がなかった．ところが1800年代に入り，近代技術が芽生え始めると，あちらこちらで矛盾が出始めたのである．

　もっともよい例として香水のビンがある．香水はいまも昔も大変高価なものである．そのためにその保存容器にはいろいろと工夫が凝らされてきた．たとえばガラスの香水ビンである．ところがこれが問題を起こした．夏に作ったビンと冬に作ったビンでは，中の香水の蒸発の仕方が違ったのである．冬に作ったビンに入っている香水は夏になると栓がゆるくなり，中身が飛んでしまう．一方，夏に作ったビンは冬は栓が硬くてうまく閉らない．いろいろ調べたらその原因がビンの伸び縮みであった．これがもとで，最近脚光を浴びている**ゼロ膨張係数ガラス**が生まれている．

　このほかにも鉄道のレールの伸び縮みなど，多数の例が出てきたのである．

　またメートル条約のときにも問題が出た．基準となる長さが温度で変わってしまうからだ．その結果，当初は0℃を基準とすることが定められた．ところが0℃というのは実現が大変やっかいであり，ほとんどの場合，測定時の温度から換算して0℃の長さを求めることになる．その後スウェーデンの**ヨハンソン**が**ゲージブロック**を発明し，同時に標準温度として室温の20℃を提唱した．他方，アメリカでは23℃も考えられていたが，最終的には20℃となったのである．

　国際的な取り決めをする団体であるISOのISO 1：2002 Geometrical Product Specification (GPS)-Standard reference temperature for geometrical product specification and verification には，The standard reference temperature for industrial measurement is fixed at 20℃と書かれている．

JIS では B0680:2007 製品の幾何特性仕様及び検証に用いる標準温度として記載されている．他方，現在電気の分野では，23℃が標準となっているので注意が必要である．では機械と電気が一緒になったいわゆるメカトロニクスの標準温度は？ これはまだ決まっていない．

2.2 物理と計測

機械工学とは，ということを少しまじめに考えたことがある．結論は「ほとんどの理論は物理学で，機械工学はその応用の学問である」であった．同じように物理と計測の関係も「物理学の結果を数値として表すための手段が計測である」となりそうである．ただ数値で表すためにはずいぶんと数学，特に統計学のお世話になる必要がある．なぜなら測定という動作には毎回毎回少しずつ結果が異なる要因が重なるからで，こうしたふらふらした結果をうまく処理するためには，統計計算がもっとも適しているからである．

2.3 長さ，形状，温度，振動，色，その他

さて，この本で扱う範囲であるが，その中心は長さと形状，いわば3次元空間の中の物体の姿を示す方法である．ところが現実の世界ではそれ以外の物理量が大きく影響する．たとえば温度である．温度が変化すると，ものの大きさが変化する．したがって，測定をしたときの品物とものさしの温度をはっきりさせなければならない．また色がある．物体の形に色は関係ない，と思われるかもしれないが，色によって光の中の赤外線の吸収の度合いが異なる．そのために温度の上がり方が変わる．

さらには振動の影響もある．振動のあるところでは正確な測定がなかなか難しい．たとえばゆれる電車の中でものさしを使って，本の大きさを計ることを考えてみればよい．このようにいろいろな物理的外部要因が測定に大きく影響する．

2.4 管理と計測
―― 測定値の確かさ（不確かさ），
　　これからの測定の表現方法の主流

　近ごろ測定した結果がどの程度確かかを表わす方法として，**不確かさ**（uncertainty）という言葉が普及してきている．発端は**国際度量衡局**（BIPM）でまとめ，**ISO** で発行された **GUM**(Guide to the Expression of Uncertainty in Measurement, 1993) である．昔からの"精度"という考え方から大きく変化してるため，戸惑いも大きい．ここでは多少の誤解を恐れず概念的な説明をしてみよう．

　「不確かさ」とは「いい加減さ」のことである．きわめて大胆ないい方をするとこうなる．どんな測定結果であっても人が作った基準に基づき（ここで最初のいい加減さが入る），人がある相手を測定する（よっぱらいが，ものさしでコップの直径を計っていると思えばよい）（**図 2.1**）．

　測定という動作にも当然大きないい加減さがある．そこでいい加減なものさしを使い，いい加減な態度で計ったときの測定結果のいい加減さをなんとか数値で表わしたい，という欲望が出てくる．

　これが「不確かさ」である．ただしこの不確かさの考え方は並みではない．なぜなら酔っ払いの度合いがどの程度か，の程度の**見積もり**，最初のものさしのいい加減さの見積もり，コップの形のいい加減さの度合いの見積もり，計る人間の気分の状態のばらつき，これらすべてを勘定に入れよう，というのだから．

　そこでみな頭が痛くなり，やる気がなくなる．では図で考えよう．まず，1つひとつについて考える．最初が物さしのいい加減さである．物さしには目盛りが付いており，どの場所の目盛りで読むか，によって値が異なる．いまその値の違いをもっと正確なものさし（このものさしをどのように用意するかは別問題）を用いて調べる．これを**校正**という．

　すると図 2.1 (a) のような目盛りの狂いの測定値が得られる．実はこの値

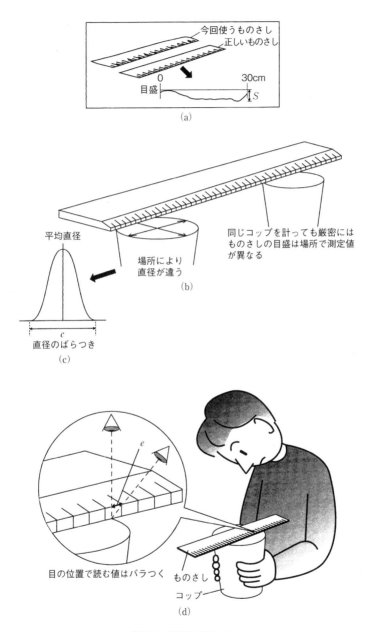

図 2.1　不確かさとは

そのものもいい加減さが入っているが，ここでは無視する．したがってどの場所の目盛りを使用するか，ということをわかった上でコップの直径を計る場合と，無意識に任意の目盛りの場所を用いる場合とでは値の確かさが違うことがわかる．全体のばらつき具合を図の s としよう．

次は図 2.1(b) のコップの形である．コップの縁は見かけは丸いが，実際は変形している．これもどこの位置の直径を計るかで，結果はばらつく．このばらつきの幅が図 2.1(c) の c である．

そして計る人間である．酔っ払っていてもいなくても，ものさしをコップに当てる当て方と，目の位置で読み取った値が変化する〔図 2.1(d)〕．やはりこのばらつきの幅を e とする．これ以上追加をすると面倒であり，考え方は同じなので，ここで止めるとして，次はその処理である．ISO のガイドではこうしたすべての測定した結果の値がふらつく要因は，ばらつきであるとして，その分布は統計的に扱うことができ，標準偏差を用いる，としている．

ここで，"**標準偏差**"という言葉が出てきた．この意味は次の通りである．コップの直径を 10 回はかり，その測定結果の**平均値**をまず求めてみる．これは**図 2.2**(a) のように表わすことができる．では結果がどのようにばらついて

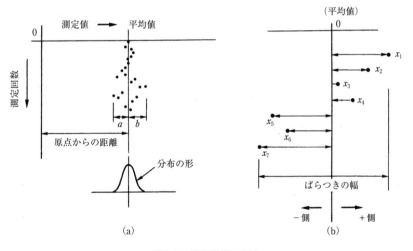

図 2.2 標準偏差の意味

いるかを1つの数字で表現するにはどのようにしたらよいだろうか．平均値は中心となる値であるから，この値が35mmであろうが100mmであろうがばらつきには直接関係ない．そこで中心をゼロとするように平均値を測定結果から差し引く．すると図 (b) のように書くことができる．

　ばらつきの大きさは中心から左右にどれだけ広がっているか，の意味である．そこで中心からの広がりの値を求めるのであるが，左はマイナス，右はプラスで単純に足し算すれば，場合によっては結果（和）ゼロとなってしまう．そこで絶対値を求めるために中心からの距離を2乗する．

　するとすべてプラスの数字になる．すべての測定点について中心からの距離の2乗を求め，それを加算する．加算した結果を全体の点数で割れば1点についてのばらつき具合を示す値を得ることができる．これを"**分散**"という．分散は2乗した値であるから，コップの直径の場合には"cm^2"が単位となり，平均値の長さの"cm"と合わなくなる．そこで平方根を計算してcm単位に戻す．これを"**標準偏差**"という．したがって標準偏差は分散の平方根であるといえる（実際には少し違うが大差はない）．

　先ほどのばらつきの値 s, c, e がすべて標準偏差だとすると，全体（すべてのいい加減さを含んだもの）の不確かさ（これを**合成標準不確かさ**，という）は個々の不確かさ（これを**標準不確かさ**，という）の2乗和の平方根で合成して表す．式で書けば，

$$u = \sqrt{(s^2 + c^2 + e^2)}$$

である．

　この結果は標準偏差に基づくもの（1σ：**1シグマ**）なので，信頼の度合いを大きくするため2シグマ，あるいは3シグマの値を求める．実際にはuの値に**包含係数**という係数（2または3）を掛ける．これが拡張不確かさである．最後に統計的な計算が出てきたがこれはまた別に示す．以上が不確かさの求め方である．

**　実際の測定ではきわめて多くの不確かさの元（これを要因という）がある．**

ISOTS-14253-3 Geometrical Product Specifications (GPS)-Inspection by measurement of workpieces and measuring equipment-Part 3: Guidelines for achieving agreement on measurement uncertainty statements

ISOTS14253-3には，次のような内容がある．

　ここには PUMA（Procedure for Uncertainty Management：不確かさ管理の手続き）というものが書かれている．PUMA では大きい項目として

(1) 環境
(2) 測定器の参照対象
(3) 測定機器
(4) 段取り準備
(5) 処理ソフトウエアと計算方法
(6) 測定者
(7) 測定対象や測定器の特性
(8) 測定対象や測定器の定義
(9) 測定手順
(10) 物理定数と変換方法

としている．
　さらにその内部には細かい項目がある．その内部は

(1) 測定環境
a：温度　b：振動　c：湿度　d：汚染　e：照明　f：気圧
g：空気組成　h：空気の流れ　i：重力　j：電磁環境　k：供給電源変動
l：供給空気圧　m：輻射熱　n：測定物　o：物差し
p：測定器の温度平衡

(2) 測定器の基準（測定器はしばしば基準とそれ以外，に分類できる）
a：安定性　b：目盛の品位　c：熱膨張係数　d：機構原理
e：CCD 技術　f：校正の不確かさ　g：基準ものさしの分解能
h：前回校正からの時間経過　i：波長誤差

(3) 測定器
a：解読（変換）システム　b：拡大方法　c：波長誤差　d：原点安定性
e：測定力（安定性と絶対値）　f：ヒステリシス　g：運動案内機構
h：プローブシステム　i：スタイラス形状不確かさ　j：剛性
k：読み取り装置　l：線膨張係数　m：温度安定性　n：視差

o:前回校正からの時間経過　p:応答特性　q:内挿技術誤差

r:内挿分解能　s:デジタイジング

(4) 測定段取り（設置と固定方法を除く．いくつかの場合段取り不要で測定可能である）

a:サイン／コサイン誤差　b:アッベ誤差　c:温度応答性　d:剛性

e:接触先端半径　f:接触先端形状精度　g:プローブシステムの剛性

h:光学開口　i:工作物と測定器の干渉　j:暖機運転

(5) ソフトウエアと計算方法（桁数や小数点区切りで変化する）

a:丸め誤差　b:アルゴリズム　c:アルゴリズムの解釈方法

d:有効桁数　e:サンプリング　f:フィルタリング

g:アルゴリズム補正　h:内外挿方法　i:外れ値の取扱い方法

(6) 測定者（測定者は安定でない日によっても変わり，時には同じ日の中で変わる）

a:教育　b:経験　c:訓練　d:体質的な不利　e:知識　f:正直さ

g:貢献性

(7) 測定対象（測定物あるいは測定器の特性）

a:表面粗さ　b:形状精度　c:弾性係数　d:剛性　e:熱膨張係数

f:熱伝導性　g:重さ　h:寸法（大きさ）　i:形状（形）　j:磁気特性

k:吸湿特性　l:エージング　m:清浄性　n:温度　o:内部応力

p:クリープ特性　q:クランプ歪　r:取付方向

(8) 測定上の定義

a:基準（データム）　b:参照システム　c:自由度　d:許容値の姿

e:ISO4288　f:ISO/TR14638のリンク3と4　g:距離　h:角度

(9) 測定手続き

a:調整　b:測定点数　c:測定の順番　d:測定時間間隔

e:測定原理の選択　f:アラインメント　g:基準の選択方法

h:装置の選択　i:測定者の選択　j:測定者人数　k:測定戦略

l:クランプ方法　m:冶具固定方法　n:プロービング方法とその戦略

o:プロービングシステムのアラインメント　p:ドリフトチェック

31

q:反転法測定　r:繰返しと誤差の分離
⑽　物理定数と変換方法
　物性に対する正しい知識の必要性
　このようにきわめて多くの要因がある．

　なお不確かさに関しては，JCGM100：2008（現在改定中）Evaluation of measurement data- Guide to the expression of uncertainty in measurement が正式文書である．

　日本語では，「今井秀孝編：測定　不確かさ評価の最前線—計量標準トレーサビリテイと測定結果の信頼性，日本規格協会，2013.7」がある．

2.5　計測と制御

　計測に密接なものに制御がある．世の中には計測自動制御学会という学会があり，その学会誌の名前はまさしく「計測と制御」である．世の中"はかる"だけならまだ楽であるが，問題は何のために"はかる"のか？　ということである．大体は目標とするものがあり，実際にはそれからどれだけ外れているかを"はかり"，その結果つぎの行動を修正する．この修正作業が**制御**である．制御にはきわめて速い時間のうちに行なうものと，ゆっくり行なうものがある．政治のように国民の意見により政策を変えていくのは，ゆっくりした制御であり，一方工作機械などに組み込まれているコンピュータ制御システムでは，10ns～1 ms というきわめて速い時間のうちに測定結果に基づいて制御をしている．

　値だけをつける作業もあるが，それも確認のための場合と，得られた結果が満足いかない場合に対応するための測定である場合が多い．したがって電子，機械の世界では制御という次の一歩がない計測はほとんどない，といってもよい．

　実際のものづくりの現場では，**"オンライン計測"** とか **"インプロセス計測"** という言葉がよく使われる．これらは品物を製作していく過程で，どのように製品の品質検査結果をフィードバックしてその水準を維持するか，という方法を示すものである．オンライン計測は品物をつくるラインの中に計測システム

を組み入れ，その測定結果で次の品物の製造方法を修正するものである．

他方，インプロセス計測は，品物をつくりながらそのものの品質を調べ，おかしければ修正する，というものである．したがって，インプロセス計測では，速い計測手段が要求されるのである．

現在では加工する機械の中に計測装置を組込み，インプロセス計測のように加工中あるいは終了直後にそのまま品物を下さずに計測する，いわゆる機上計測が普及してきている．その導入理由の中心は不良品をださないこと，であるが高度な NC 装置の発達と機械の信頼性向上により「測れれば修正はできる」ということが，実現できるようになったことがある．

2.6 ISO9000 と計測

ISO9000 は 1987 年に ISO（国際標準化機構）により制定された規格で，品質管理および品質保証のためのものである．近ごろは製品そのものだけでなく製造する過程での品質規格や製造工程，管理体制までの全体のマネジメントが要求されている．このような買い手から作り手に対する要求が備える必要のある必要条件をまとめている．

9000 シリーズには次の規格がある．

Ⅰ　ISO9000：2000　品質マネジメントシステム―基本及び用語
Ⅱ　ISO9001：2000　品質マネジメントシステム―要求事項
Ⅲ　ISO9004：2000　品質マネジメントシステム―パフォーマンス改善の指針
Ⅳ　ISO19011：2002　品質及び／又は環境マネジメントシステム監査の指針

ここで 9000 は品質マネジメントシステムの基本とシリーズ全体で使用する余語の定義，9001 はその要求事項，9004 はパフォーマンス改善の指針を示している．

では 9000 の中身を少し示そう．ここでは「品質マネジメントシステム」を品質マネジメントシステムに関して組織を指揮し，管理するためのマネジメントシステムというように定義をしている．では「マネジメントシステム」は何かというと，方針，目標を定め，その目標を達成するためのシステム，そして

「システム」は，相互に関連するまたは相互に作用する要素の集まり，とそれぞれ定義されている．こうした用語定義の上に成り立っているのである．

要求事項の基本は，というと次の6項目に集約されている．
①企業の品質マネジメントシステムについての方針を定め
②品質マネジメントシステムに関する各人の責任と権限を明確にし
③品質を実現するための品質マネジメントシステムを（その）企業に適した形に文書化し
④現場がまちがいなく文書化したとおりに実行していることを
⑤記録することにより証明し
⑥顧客の要求する品質を確保していることをいつでも開示できるようにしていること

である．これらのエッセンスは文書化，実行，証明（説明責任）の3つである．ではどんな文書でもよいか，というと9001の文書化に関する要求事項（4.2.1項）には

品質マネジメントシステムの文書化の程度は，次の理由から組織によって異なることがある．
 a）組織の規模及び活動の種類
 b）プロセス及びそれらの相互関係の複雑さ
 c）要員の力量
文書の様式及び媒体の種類はどんなものであったもよい．

とある，要するに会社の規模，その中の人材レベル，扱っている事業内容などで異なるもので，一律のものではないと謳っている．従って導入者は十分に自分にマッチしたものを考える必要がある．

表2.1にはISO 9001：2000，要求事項，の記述項目を示す．この9001の序文には「品質マネジメントの原則」という言葉が書かれてる．この原則は8つあり，**表2.2**にそれを示す．このように9000シリーズは基本的な心構え，考え方などが整理されている．

表2.1　JIS Q 9001：2000 の要求項目

JIS Q 9001：2000（ISO 9001：2000）	
0．序文 　0.1　一般 　0.2　プロセスアプローチ 　0.3　JIS Q 9004 との関係 　0.4　他のマネジメントシステムとの両立性 1．適用範囲 　1.1　一般 　1.2　適用 2．引用規格 3．定義 4．品質マネジメントシステム 　4.1　一般要求事項 　4.2　文書化に関する要求事項 　　4.2.1　一般 　　4.2.2　品質マニュアル 　　4.2.3　文書管理 　　4.2.4　記録の管理 5．経営者の責任 　5.1　経営者のコミットメント 　5.2　顧客重視 　5.3　品質方針 　5.4　計画［表題だけ］ 　　5.4.1　品質目標 　　5.4.2　品質マネジメントシステムの計画 　5.5　責任，権限及びコミュニケーション 　　5.5.1　責任及び権限 　　5.5.2　管理責任者 　　5.5.3　内部コミュニケーション 　5.6　マネジメントレビュー［表題だけ］ 　　5.6.1　一般 　　5.6.2　マネジメントレビューへのインプット 　　5.6.3　マネジメントレビューからのアウトプット 6．資源の運用管理 　6.1　資源の提供 　6.2　人的資源 　　6.2.1　一般 　　6.2.2　力量，認識及び教育・訓練 　6.3　インフラストラクチャー 　6.4　作業環境	7．製品実現 　7.1　製品実現の計画 　7.2　顧客関連プロセス 　　7.2.1　製品に関連する要求項の明確化 　　7.2.2　製品に関連する要求事項のレビュー 　　7.2.3　顧客とのコミュニケーション 　7.3　設計・開発 　　7.3.1　設計・開発の計画 　　7.3.2　設計・開発へのインプット 　　7.3.3　設計・開発からのアウトプット 　　7.3.4　設計・開発のレビュー 　　7.3.5　設計・開発の検証 　　7.3.6　設計・開発の妥当性確認 　　7.3.7　設計・開発の変更管理 　7.4　購買 　　7.4.1　購買プロセス 　　7.4.2　購買情報 　　7.4.3　購買製品の検証 　7.5　製造及びサービス提供 　　7.5.1　製造及びサービス提供の管理 　　7.5.2　製造及びサービス提供に関するプロセスの妥当性確認 　　7.5.3　識別及びトレーサビリティ 　　7.5.4　顧客の所有物 　　7.5.5　製品の保存 　7.6　監視機器及び測定機器の管理 8．測定，分析及び改善 　8.1　一般 　8.2　監視及び測定 　　8.2.1　顧客満足 　　8.2.2　内部監査 　　8.2.3　プロセスの監視及び測定 　　8.2.4　製品の監視及び測定 　8.3　不適合製品の管理 　8.4　データの分析 　8.5　改善［表題だけ］ 　　8.5.1　継続的改善 　　8.5.2　是正処置 　　8.5.3　予防処置

表 2.2　品質マネジメントの 8 原則

a) 顧客重視
　　組織はその顧客に依存しており，そのために，現在及び将来の顧客ニーズを理解し，顧客要求事項を満たし，顧客の期待を越えるように努力すべきである．
b) リーダーシップ
　　リーダーは，組織の目的及び方向を一致させる．リーダーは，人々が組織の目標を達することに十分に参画できる内部環境を創りだし，維持すべきである．
c) 人々の参画
　　すべての階層の人々は組織にとって根本的要素であり，その全面的な参画によって，組織の便益のためにその能力を活用することが可能となる．
d) プロセスアプローチ
　　活動及び関連する資源が一つのプロセスとして運営管理されるとき，望まれる結果がより効率よく達成される．
e) マネジメントへのシステムアプローチ
　　相互の関連するプロセスを一つのシステムとして，明確にし，理解し，運営管理することが組織の目標を効果的で効率よく達成することに寄与する．
f) 継続的改善
　　組織の総合的パフォーマンスの継続的改善を組織の永遠の目標とすべきである．
g) 意思決定への事実に基づくアプローチ
　　効果的な意思決定は，データ及び情報の分析に基づいている．
h) 供給者との互恵関係
　　組織及びその供給者は独立しており，両者の互恵関係は両者の価値創造力能力を高める．

(JIS Q 9004　4.3 より)

2.7 測定結果の表現
――測定値のまとめ

　測定はものの状態を数値で表わすことである．したがって必ず何らかの計算作業が伴う．

　簡単な例として棒の直径を計る．大体は繰り返して何回か測り，その結果から**平均値**を求める．この作業の背景には1回限りの測定にはいろいろな間違いが伴い，その間違いはいつも起こるものではなく，偶然その測定のときに起こる．だから繰り返して測れば偶然によるバラツキは平均化されて消えていく，という考えがある．

　図2.3は，短い時間に棒の直径を計った結果である．図のように結果はばらつき，その結果全体の分布をみると右の**正規分布**（図のようななだらかな山の形）になる．このとき起こっている現象はすべて確率的であるという．正規分

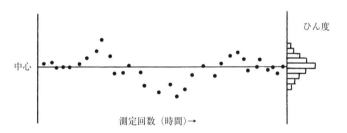

図2.3 短時間の測定結果

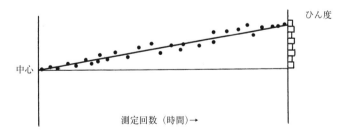

図2.4 長時間の測定結果

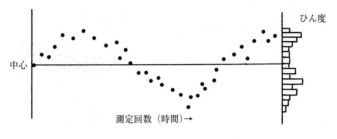

図 2.5　現場のロット内測定結果(1)

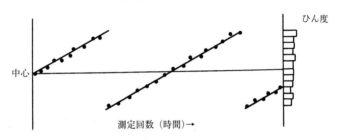

図 2.6　現場のロット内測定結果(2)

布では，ばらつきの度合いを示す標準偏差の3倍が全体のばらつきの95％を大体カバーする，という性質をもっている．これがよく品質管理でいわれる"3σ"の意味である．

　では同じものを時間をかけて測った結果が，**図2.4**のようであったとしよう．図は時間とともに傾向が変化していることを示している．この結果を単純に計算すると右のような**矩形分布**となる．ところがこの結果に対して**平均線**をあてはめ，その線にそってばらつきを見るとやはり正規分布となる．

　実際の現場のデータでは，同じ形のものを多数長い時間にわたって加工することが多い．そのときの1個1個の測定値をプロットすると**図2.5**のようになるか，あるいは**図2.6**のようになることが多い．この結果を単純平均して分布を求めると各々の図の右側の分布図となり，なんとも不思議な形となる．

　ではその原因を考えよう．図2.5の結果が得られたときに部屋の温度がいっしょに測定されていれば，その2つの間にたいてい大きな関係のあることがわかる．ほとんどの場合，温度変化により機械あるいは測定器が温度変化した結

果である．

　図2.6はどうであろう．このような結果は大体温度制御装置とか，寸法制御装置が加工システムに組み込まれている場合に多く見られる．規定の制御範囲を超えそうになると指令が入り，大きく動作条件が変化する．その結果ノコギリ状の結果になる．こうした状況は単に分布だけとか標準偏差値を見ただけでは決して理解できない．必ず時間経過がわかるグラフを書く必要がある．

　統計は大体うそをつくことが多い．このようにいうと，いや，正しく使わないからだ．という反論が必ずくる．確かにその通りではあるが，実際には中途半端な形で使われていることがほとんどである．よっていつもいうことは，「まずもとのデータをプロットしなさい．それから考えなさい」である．

　実際の統計計算にはいろいろあるが，計測の分野で使用されるのは**平均値，分散，最小2乗法，回帰分析，分散分析**ぐらいである．あまり多くないのでこれらの詳細は統計の本でおさらいしていただきたい．

2.8　温度の影響

　絶対零度という温度がある．もののすべての運動が凍りつく温度である．摂氏0度を基準とすると－273℃が0K（**ケルビン**）である．この0Kまで物体内部の分子運動はどんどん縮小してゆく．したがって姿形も小さくなっていく．反対に温度が高くなると運動が激しくなり，分子の周りの運動空間の大きさが大きくなる．これが熱膨張の理由である．

　この運動の激しさは原子，分子の構成で変化する．すなわち材料で異なり，また熱処理でも異なる．

　普通**線膨張係数**は，温度が1℃変化すると1mにつきどれだけ伸び縮みするかで表現する．たとえば，鉄は11×10^{-6}m/℃，すなわち温度が1℃変化すると1mにつき11μm変化する．

　代表的な材料の膨張係数を**表2.3**に示す．この表で鉄が現在もっとも一般的な材料であり，ほとんどの測定機器は鉄を基準として考えている．一方の一般的材料ではアルミがある．これは大体鉄の2倍強である．したがって，真夏に

表2.3 各種材料の熱膨張係数　　　　$a:(\times 10^{-6} \mathrm{m/℃})$

材料名	線膨張係数 a	材料名	線膨張係数 a
ベークライト	21～33	鉄	12.2
鉛	29.2	鋼（Ni 58％）	11.5
マグネシウム	26.1	炭素鋼	11.0
アルミニウム	23.8	クロム鋼	10.0
ジュラルミン	22.6	花こう岩	8.3
銀	19.5	ガラス	8.1
銅	18.5	パイレックスガラス	3.3
黄銅	18.5	アンバー（Ni 36％）	0.9
ステンレス鋼	16.4	石英ガラス	0.5
ニッケル	13.0	スーパーインバー	0.1

は思いもかけぬほど大きく伸びて問題を起こすことがある．アルミサッシの窓で冬に開け閉めが硬くなるのがあるが，この原因であることが多い．

　最近増えてきた材料にプラスチックがあるが，カーボンファイバを除いて，大体鉄の2～3倍である．プラスチックで鉄なみの伸び縮みをする材料が，安く現れたらずいぶんと喜ばれるに違いない．

　ここで少し計算問題をしよう．いま20℃を基準とし，これより温度が $\varDelta t$ だけはずれたら，長さLのものはどれだけ伸びるか？　というと，伸びる（あるいは縮む）量 $\varDelta L$ は，

$$\varDelta L = L \cdot a \cdot \varDelta t$$

ここで，a が線膨張係数である．100mmの長さの鉄は1℃温度が変化すると，

$$\varDelta L = 0.1(\mathrm{m}) \cdot 11 \times 10^{-6}(\mathrm{m/℃}) \times 1(℃) = 1.1 \mu \mathrm{m}$$

アルミニウムでは，

$$\varDelta L = 0.1(\mathrm{m}) \cdot 24 \times 10^{-6}(\mathrm{m/℃}) \times 1(℃) = 2.4 \mu \mathrm{m}$$

となる．

　そこで問題は，鉄のものさしでアルミでできた品物の長さを測るとどうなるか？である．

　簡単のために100mmのものさしで，100mmの品物，温度は20℃だとする．すると，どちらも伸びの量 $\varDelta L$ はゼロであるから測定値は100mmとなる．

では22℃のときにはどうなるか．ものさしは2℃の温度上昇で2.2μm伸びている．品物は4.8μm伸びている．したがってその差2.6μmだけ長く読まれるので100mmプラス2.6μmである，と測定される．

ここが思案のしどころで，では22℃で計った値が使えるか？　ということである．もし品物を100mmちょうどにしたいとなると，見かけ2.6μm長いと判断される．そこで2.6μmだけ短くなるよう加工される．ところがそのように加工されたものを20℃の場所で計ると，100mmより2.6μm短い品物になってしまう．

では鉄の品物ではどうだろう．ものさし，品物，どちらも鉄，したがって100mmの長さでは2℃の温度上昇で2.2μm伸びるが，ものさしの品物も同じだけ伸びているので差はゼロである．言い換えると鉄のものさしで鉄の品物を計っているときには，どちらも同じ温度であれば膨張の問題はないということである．

この原理のおかげで，現場でマイクロメータを使って鉄の品物を計るときには，同じ温度になるようにさえ注意すれば，精度がでるのである．たとえ真冬の3〜4℃の現場であっても，夏の30℃を超える現場でも精度は維持される．

問題は最近普及してきた**レーザ干渉測長器**である．レーザ干渉測長器は実用上ほとんど温度の影響を受けない．したがって物差しの線膨張係数をゼロとする．これで100mmの鉄の品物を計ると，22℃ではプラス2.2μmとでる．これを修正すると20℃の場所ではその品物はマイナス2.2μmとなってしまう．そこでレーザ測長では必ず相手の品物の温度を測り，20℃との差の温度により補正計算をする必要がある．

温度のもう1つの問題は**熱容量**である．同じ鉄であっても大きさにより熱の伝わる時間が異なる．当然大きいものは熱が伝わるのが遅いため，時間がかかる．これはやかんに水を入れて沸かすとき，水の量が少ない方が早く沸き，いっぱい入れると時間がかかることと，まったく同じである．

熱容量の差によりものが周囲の温度に馴染むまでの時間が変わることは，この説明でわかると思うが，その馴染み方は**図2.7**のような指数的なカーブになる．最初は急激に温度が変化するが，その後変化の仕方は鈍くなり，完全に周

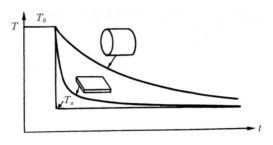

図 2.7 温度馴染みのカーブ[6]

囲と一致するのには無限の時間が必要である．この馴染み方は一般に**時定数**と呼ばれ，目標の大体 63 % に到達する時間をいう．

工作機械のような大きな鉄の固まりでは，1～5 時間，一方建物ではコンクリートだと何日というオーダになる．

熱の伝わり方のもう 1 つの問題は，品物のそりである．厚さ 1 m，長さ 5 m の鉄の構造物があったとする．そして置いてある部屋は高さ 1 m 変わると，温度が 1 ℃ 変わるとしよう．

すると，いま床の側での温度が 20 ℃ であれば上面は 21 ℃ である．

上側は $5 \times 11 = 55\,\mu\mathrm{m}$ 伸び，床側はゼロである．したがって当然上に反った形になる．その値は $30\,\mu\mathrm{m}$ ぐらいであるから，ばかにはできない．

以上の例から，温度が絶えずふらふらしている環境では，品物，物差しの長さ，形もまたふらふらしている，ということがおわかりいただけたであろう．

ここで一番大事なことは，「20 ℃ である」ということよりも，「温度が安定している」ということである．どんなにがんばっても，20 ℃ ぴったりの温度はできないのである．できることはどれだけ正確に 20 ℃ から外れている温度を測定できるか，ということなのである．

2.9 力，荷重による変形
——自重による変形，荷重による変形

さて，ものを挟んで測定するときに品物にかかる力（これを**測定力**という）

図 2.8 ビール缶の直径測定結果

は，実際にどれくらい測定値に影響を与えるだろうか．もう一度ビールの缶を用意する．今度はノギスを使う．この測定具で缶を挟み，直径を計る．この時，指で押しつける力を少し変えてみると缶はへこみ，測定結果はどんどん変わる．2〜3mmはすぐである．押し付ける力で測定相手が変形してしまうからだ（**図 2.8**）．

では実際に手元にある 350ml のビールの缶を計ってみる．できるだけ軽く測定し，10 回繰り返した結果は，66.2, 66.3, 66.4, 65.6, 66.3, 66.5, 66.3, 65.9, 66.0, 66.1 であった．この平均値は 66.16mm である．また標準偏差（σ）は 0.26 となる．このときは読み誤りを起こさぬようデジタルノギスを使った．

次に巻尺で外周を計ってみる．使った**巻尺**はごくふつうの洋裁で使用する布のものである．結果は外周長さは 20.8cm であった．したがって直径は 66.22mm となる．ここで先程の直径測定結果の平均値と，外周長さから求めた直径値を比較する．すると両者の差は 0.06mm で，先ほどの直径測定のばらつきの範囲内である．

この結果から推測すると，ビール缶のような柔らかい材質では，巻尺の方がかえって精度よく計れる，ということである．

次にもう少し高級な測定をしよう．0〜25mm のマイクロメータと 10mm

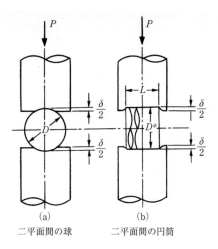

(a) 二平面間の球　　(b) 二平面間の円筒

図 2.9 ヘルツの応力による弾性変形量

のブロックゲージを用意し，まずラチェットを使って測定してみる．ちゃんと 10.00mm と読めるだろうか．

次に直接シンブルをもって回し，測定してみる．なんと，9.99mm，9.98mm とも読めてしまう．これは，フレーム部が変形してしまうからで，測定物も少し凹んでしまう．さらに，直径 1 mm 程度のボールを同じように測定してみよう．この場合は，測定物がどんどん変形してしまう．

このように，ある測定力で押し付けて測定する場合，どれだけ測定物が変形するかを計算するのに用いるのが，「**ヘルツの式**」である．**図 2.9** は，2 つの平面の間に球と円筒を挟んだ場合を示しているが，それぞれのひずみ量 δ は，次のように表される．

$$\delta B = 3.83 \sqrt[3]{P^2/D} \quad (球)$$

$$\delta S = 0.92 (P/L) \sqrt[3]{1/D} \quad (円筒)$$

ここで，P：押付け圧力（kgf）
　　　　D：球または円筒の直径（mm）
　　　　L：円筒の長さ（mm）
　　　　δ：ひずみ量（μm）

材質：鋼，弾性係数 $E = 2 \times 10^4 \mathrm{kgf/mm}^2$

　この式を使って，直径 1 mm の球に 1 kgf の力を加えた場合を求めてみると，なんと $3.8\mu\mathrm{m}$ にもなる．

　このように，大きな変形は誤差となって出やすいために，測定力を一定にするために，いろいろな試みがなされてきた．

コラム 4

ドイツのビールグラスの目盛

　ドイツにいけば，まずビール．あちらで飲むビールは空気が乾いているせいか，また格別．よく見ると写真のように，ビールジョッキの上の方に線が入っており，0.5dℓとか，0.7dℓと書いてある．これはこの線まで入れば中の容量がいくらかかが保証される．

　したがって注がれた量が線より低ければ文句がいえるが，残念ながら海外出張するようになってからいままで 20 年，少なかったことは一度もなかった．一方イギリスの流儀は違う．彼らはグラス一杯縁ぎりぎりまで注ぐのを基準とする．これもお国柄である．

　我が国には升酒というのがあり，升にお酒を注いで出すのであるが，形としてはイギリス流である．

　さて，以下はこの線にまつわるお話（一切うそ！）

【おとぎばなし】

　ドイツのビールグラスに入っている線のわけを知っていますか．

　それにはとっても面白いお話があるんですよ．ちょっとお話しましょうか．

　昔，ある国の王様が毎日大酒を飲んでは騒ぎ，人々を困らせていました．そこでみんなで話し合ってあることを決めました．

　翌朝，大臣が王様に「夕べ，国民たちと王様の大酒のことを話し合っ

て，王様はあとグラス一杯しかビールを飲んではいけないことになったのです」といいました．
　すると王様はいいました．
　「何をいうか無礼者．この国で一番偉いのはこのわしじゃ．そんなことは勝手に決めさせん」
　「でもこれには王様のお父様，お母様も賛成しております」
　王様は仕方なく従うことになりました．でもお酒は止めたくない！
　そこで10人の腕の良い職人にものすごく大きいビールのグラスを作らせました．そして底の方に小さな穴と蓋をつけて，そのグラスに国中の酒蔵という酒蔵の酒を入れて，「これでグラス一杯じゃ」といって，飲みたい時に小さな穴から飲むという有様．これじゃせっかくの相談も水の泡．
　国民たちは，二度とこんなことが起きないように，ビールグラスにここまでで何dℓ，と線を引くことにしました．
　王様が死んだ後，ビールグラスの上に座った王様の像を彫りました．その時のグラスは，いまも大きな広場の片隅に残っているはずです．

（作：上野翔子）

2.10　フックの法則

　もう1つ，力に関係する法則がある．輪ゴムを用意し，両手の指で軽く引っ張ってみる．当然伸びるが，伸びていく量の感じと指にゴムが食い込む感じが，なんとなく比例していることに気づかれるであろう．これが「**フックの法則**」である．ばねに荷重をかけると，そのばねの伸びる量は荷重に比例する．というものである．

　ではリングの直径あるいは内径を測定しよう（**図2.10**）．外直径はマイクロメータで計る．この時リングの厚さがきわめて薄ければマイクロメータのラチェットを回転させて測定力を加えると，目に見えて歪んでゆくのがわかる．このときの歪みの量はマイクロメータの測定力に比例する．同様に内径を測定する場合，たとえば，ノギスで測れば指で掛ける測定力に応じてどんどん歪み，見かけの測定値も大きくなる．

　乱暴な表現であるが，これは測定時にフックの法則が与える影響である．ではこの影響をなくすためには，どのようにしたらよいのであろうか．

　第一の方法は，測定力をゼロにする方法である．いわゆる**非接触測定**という方法を採用すればよい．

　第二の方法は，**推定法**である．最初にわかった測定力を掛けて寸法を測定する．次いで測定力を増やすか，減らしてもう一度計る．すると当然測定値は異なるはずである．測定物の変形量が**弾性変形**の範囲内（要するに荷重を掛けてつぶれても，また元にもどる程度の変形量の範囲）であれば，掛けた荷重と変形量の間にはある比例関係が成立する．したがって，グラフ用紙の上に荷重と測定値をプロットすれば荷重ゼロのときの測定値が推定できる（**図2.11**）．これが推定法である．この時フックの法則にフルにお世話になるのである．

　もう1つ，荷重による変形の問題として，測定する相手の変形ではなく，測定器側の変形で注意しなければいけないことがある．**図2.12**はダイヤルゲージなどで厚さの測定や，回転の振れなどを測定する時に用いるスタンドである．このスタンドにダイヤルゲージを取り付け，測定子のところに指をあてて

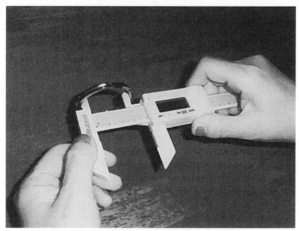

図2.10 マイクロメータによるリングの測定

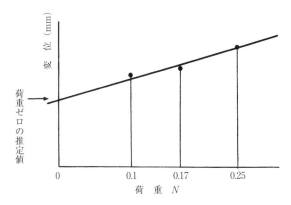

図2.11 荷重ゼロ点の推定方法
実際には直線的になる場合と，ならない場合がある．

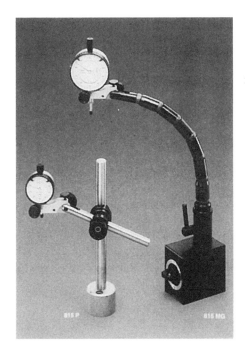

図2.12 ダイヤルゲージスタンド[7]

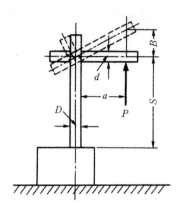

図 2.13 ダイヤルゲージスタンドの弾性変形

スピンドルを押し込んでみよう．
　押し込む深さに応じて手にかかる力が変化していくのがわかる．これは中にばねが入っているからである．このばねのおかげで，さかさまにしても測定力を掛けることができる．JIS 規格ではダイヤルゲージの測定力は 2N 程度と定められている．問題はこの力によりスタンドそのものが変形することである．
　図 2.13 はその様子を示したもので，測定力により反り返る形になる．いつも同じ程度の寸法のものを比較して測定する場合には，この変形量は同じであるから無視できる．ところが 1 回のセッティングでいろいろな大きさのものを計ると，大きいものほどスピンドルが奥に押し込まれ，測定力も大きくなる．したがってスタンドも大きく反り，測定値は本当の値より小さ目にでる．
　同様のことはいろいろなケースで起こる．ことは千分の一ミリメートルの世界であるので，いわば何でもありということだ．

2.11　自重によるもう1つの変形

　先ほどは，スタンドがゲージ自身の目方で変形して測定結果に影響する話をした．もう1つは測定する品物自身の目方で変化をすることである．
　もう一度 30cm ものさしを例にしよう．ここではプラスチック製がよい．平

らにもち，**図 2.14** のように 2 か所で支える．すると真ん中がたるみ，目盛の読みと実際の長さに差がでる．そのままの状態で両端の距離を測ると 30cm より短くなる．これが自重による変形の問題である．

ではもっとも変形量を少なくするにはどうしたらよいか．昔の人はこれを計算し，最適な場所を求めた．これが**ベッセル点**と呼ばれる支える位置である．全長を L とすると，端から $0.2203L$ の位置で支える．

また場合によっては，端の平行が要求されることがある．真ん中がたわんでも両端が平行になる支持点は**エアリー点**と呼ばれ，端から $0.2113L$ の 2 点で支えればよい（**図 2.15**）．

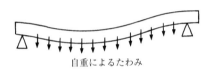

図 2.14 2 点支持と自重によるたわみ

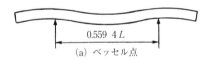

(a) ベッセル点

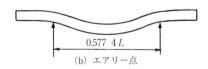

(b) エアリー点

図 2.15 エアリー点とベッセル点

2.12 振動

温度とともに大きい問題が振動である．物理の基本に戻って考えると，
$$F(力) = m(質量) \cdot a(加速度)$$
であるから，質量のあるものに外部より振動が加わると，その**加速度**成分により力が生じる．この力により構造物が変形する．こうしたつながりを考えると振動の影響を少なくする原則は，

① 振動そのものを小さくする
② 振動を遮断する工夫を考える
③ 構造体の目方を軽くする
④ 構造体の剛性を高くする

の4つである．

最初①は理想であり，自分のところの機械が振動発生の源であれば改善処置が取れる．たいていの場合は外から振動が伝わってくることが多い．そこで除振ということが必要になる．

ではどうすればよいだろうか．そこで振動をなるべく簡単にして理解してみる．まず30cmほどの長さのゴムひもを用意する．そして先に重りを縛る．石でも何でもよい（**図2.16**）．

反対側を手で持ち，ぶら下げる．そして手をゆっくり上下に動かす．すると重りは手の動きに同調して一緒に動く．つぎは少し手を速く動かす．重りは追いついて動こうとするが，限度が出てくる．もっと速く動かすと，こんどは重りは全然反応しなくなる．

こうした実験の途中で大きく重りが振れる周期がある．これが**固有振動数**と呼ばれるもので，どのような構造物にもそれ固有の値があるので，そう呼ばれる．

さて，手の動きを外部振動と考えよう．速い振動数が加わると，重りは動かない．この原理が振動を防ぐ構造に使えるのである．

固有振動数 f は例のような簡単な仕掛け（これを**1自由度系**，重り，ばねが

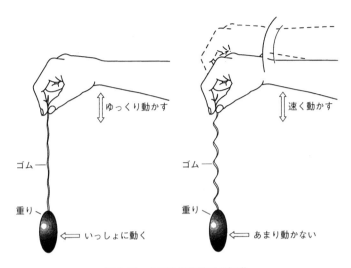

図2.16　1自由度振動系の振動

1つずつという）では，

$$f = 1/2\pi \cdot \sqrt{k/m}$$

となる．ここでmは質量，kはばね定数，そしてfは固有振動数である．

　目方が増えれば固有振動数は低くなり，またばねが柔らかくなっても低くなることがこの式でわかる．固有振動数より高い振動周波数がきても振動は伝わりにくい．したがって低い固有振動数をもつ構造を作り，その上に振動を嫌う道具を置けばよい．

　実際にこの原理で作られているのが**除振台**である．測定倍率の高い粗さ，真円度測定器，三次元測定機などはこうした台の上に置かれる．**図2.17**はその具体例である．振動を遮断する手だてとしては，機械的なばねを使う，空気ばねを使う，ゴムを使う，高分子を使うなどがあり，各々特性，金額が異なる．

　最初から振動を嫌う部屋を作る方法もある．昔からいわれている砂を用いて縁を切る構造（**図2.18**(a)）は，実はほとんど効果がない．もっとも効果のある方法は図の(b)の方法で，下に高分子のパッドを入れて，その上に重量のあるコンクリートブロックを置き，さらにその上に機械を設置する方法であ

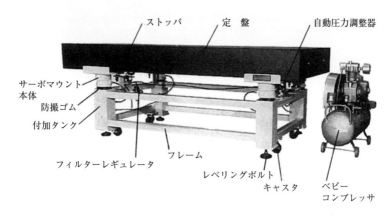

図 2.17　空気ばね式除振台[8]

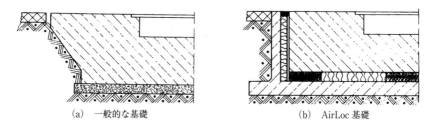

図 2.18　除振のための床構造[9]

る．砂を用いる方法は湿気を含むと固まり，当初の効果を発揮しなくなるので注意が必要である．

振動の基本法則

振動を考える上で忘れてはならない基本法則がある．

それは連続的な変位を時間で微分したものが速度（dx/dt）であり，さらにそれをもう一回時間で微分したものが加速度である（dx^2/dt^2）．これら3つの間には密接な関係がある．

コラム 5

お金で作る分銅

　お金（コイン）の目方は大変正確だ．どの程度か実際に計ってみた．使ったはかりは0.1mg直読で，1kgまで計れるスイスメトラー社の分銅校正用電子天秤AT1004である．まず1円玉を10個用意した．その結果は平均値0.9969g．標準偏差は0.0053．次は10円玉である．平均4.478g．標準偏差0.045．50円玉は個数が少なかったが4.00g，そして100円玉では平均4.800g，標準偏差0.0245であった．いずれも古い使ったお金である．10円玉のばらつきが少々大きく感じたので，新品の2000年製を4個計ったら，4.476，4.491，4.503，4.514となった．どうやら市場での流通による摩耗は20mg程度のようである．

　びっくりしたのは1円玉のばらつきで，1g−10mg，＋5mgの幅であった．これなら十分に分銅の代わりに使える．なお，50円玉は3.97g，5円玉は3.78g，そして500円玉は7.21g（新500円玉は7.00g）となっていた．

第3章
長さの計測

機械計測の基本は長さの計測である．一口に長さといっても大は宇宙の大きさを計る長さの測定から，小は原子，分子の大きさ，長さに至るまでその幅は非常に大きい．したがって，一通りの物差しですべての品物を計るわけにはいかず，相手に応じた種々の測り方を工夫する必要がある．なぜならいろいろな測定上の制約，特に前章にて紹介した熱の問題があるために，1 nm の分解能をもって 1 km の長さを測ることのできる測定システムというのは，いまだ開発されていないからである．ここでは長さの測定装置の代表選手にいくつかご登場願い，その原理，特徴を紹介することとしよう．

3.1 直径を計る

 さて,手元にビールの缶があったとしよう.その直径はどうやって計ったらよいだろうか.だれでも思いつく方法は,物さしを缶の上にのせて計る方法である.ところが困ったことにビールの缶(大抵はアルミ)は,ずんどうではなく,上と下がくびれた形をしている.したがって端に物さしをあてても直径はわからない(**図 3.1**).

 つぎなる方法は,テーブルの上に横に置き,缶の両側を本とか箱で挟み,その間隔を物さしで計る方法である(**図 3.2**).おそらくこの方法によって得られる値の確からしさ(繰り返して計ってみて,その得られる値のばらつきの範囲から考えられる値)は 1 mm の単位であろう.この方法では本とか,箱が直角であることが大切であることにすぐ気がつく.

 もう少し別な方法はないだろうか.先程の糸の応用を考えよう.糸で缶の外側を巻き,その外周の長さを糸に写し取る.このときなるべく缶の表面に密着し,かつ直角に巻く必要がある.そして物さしで長さを読む.巻尺,あるいは裁縫に使う布の物さしをもっていたら直接読むこともできる.

 読んだら円の直径と外周の長さの関係をおさらいする.すなわち円周長さは

図 3.1 ビール缶の外形直径を計る

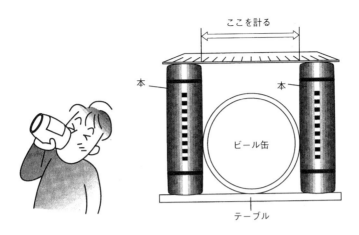

図 3.2　ビール缶のはさみ方

直径かける**円周率**（π，パイ：3.14159258979353846 これで 20 桁．円周率は無限）．したがって外周の値を 3.14 で割ると直径がでる．直径の値は 1 mm の単位まで読むことができる．これを約 3 で割るから 0.3mm 程度まで直径値を得ることができる．缶が正確に丸ければ直径を直接計るより正確に求めることができる．

では図 3.2 で示した直角の 2 つのもので挟み，その間隔を計る方法はどうだろうか．もしも直角が正しくなかったら，そして計るときに少しつぶれたりしたらどうだろうか．ここには大変基礎的で重要な問題が含まれている．後で説明するが**アッベの定理**という問題と，柔らかいものの測定という課題である．

3.2　物さし，巻尺の使い方

さて，もっとも基本的な測定道具として物さしをまず取り上げよう．**図 3.3**のように平らな板に均等なピッチの線が刻んである．きわめて単純であるが，目盛りを見ると一番細かい目盛り，5 つごとの目盛り，そして 10 個ごとの目盛りとグループ分けされ，10 個ごとには数値が入っている．この数値のところが cm ごとの位置をわかりやすくしている補助表示である．現在我々が使っ

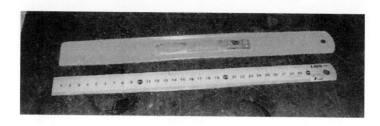

図 3.3 物さし

ている物さしは,みなメートル系のものであるが,最近 100 円ショップではインチ系列とメトリックの両方が刻んであるものを見かけることがある.インチ系列の目盛りは 1 センチをまず 2 等分してあり,さらに 8 等分と 16 等分の目盛りが付いている.インチ系は 10 進系列ではなく,16 進なのである.

　目盛り線の縁は大抵薄くなっているが,これは計ろうとする相手との距離を少しでも縮めるためなのだ.物さしが分厚いと目盛りと,相手を見る目の位置により読み取る値が変化する.これを**視差(パララックス)**という(**図 3.4**).

　物さしの生命は 2 つあり,1 つはこの刻んである目盛りの正しさであり,もう 1 つはエッジのまっすぐさである.目盛りの正しさ,というと誰でも"その通り"と思うであろう.この目盛り線のおかげで 1 cm が正しく 1 cm であるとわかるのである.目盛り線の太さは細ければ細いほどよいが,使っているうちに消えてしまう恐れがある.そこで大体 0.1mm から 0.2mm 程度の太さとなっている.エッジのまっすぐさは計る距離の問題に関係する.本来距離,あるいは長さは 2 点の間の最短距離をもっていうことが多い.したがって物さし

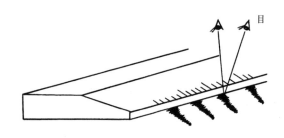

図 3.4 目盛を読むときの視差の影響

のエッジがうねっていたり，曲がっていたりすると，本来の距離よりも長く数値が出る．物さしのエッジは直線を引くためにまっすぐなのではないのである．

　次は巻尺，あるいは**テープスケール**である．紐のような物さしであるので円筒の外周とか，曲線部分の長さ測定に便利である．ところが紐であるがための宿命がある．それは引っ張ると伸びる，ということである．精度よく測定するためには，絶えず引っ張り力が一定となるよう工夫をする必要がある．実際巻尺の精度検定の場合には，ピンとはるために重りで張力を与えて測定する．

　もう1つの問題は材質である．物さし（正式には**直尺**という）はある程度長くなるとスチール製になり，熱膨張係数は 11×10^{-6} 乗，すなわち1mで10℃温度が上がると0.11mm長くなる．一方巻尺は布のものが多く，線膨張係数はずっと大きい．さらに一般に計る長さが長いので，熱膨張は無視できなくなる．プラスチックテープのものもあるが，やはり熱膨張係数は大きい．その点ではスチールテープが一番安心できる．

3.3　アッベの定理

「**アッベの定理**」を簡単にいえば，測定物と物さしを同一軸線上に置いて測れば，誤差が最も少ない，というものである．

　図3.5は，アッベの原理を説明するものである．まず（a）のように，測定物と物差しが平行に置かれている場合を考える．このとき，測定物と物さしが完全に平行に置かれていれば問題はない．しかし，**図3.6**のようにノギスのようなもので測定物を測っている場合を考えてみる．

　ここで，測定物の真の長さを d，測定点から物さしまでの距離を h，接触点の傾き角を θ とすると，

　　　　読みの値 $l = d - h \cdot \theta$
　　　　誤差の値 $d - l = h \cdot \theta$

となり，θ に比例する．

　したがって，誤差を小さくするためには，h をできるだけ低くするか，接触点の移動が物さしと傾かないようにする，つまり測長器のヘッドの真直度をよ

くする必要がある．

次に，図3.5 (b) のような場合を考えてみる．この場合は，測定物と物さしが同一軸線上に置かれている．測定物を挟まないで0点を読むときの目盛は，aの場所になる．そして，真の値がdである測定物を挟んだとする．物

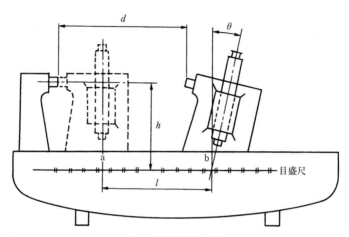

(a) ノギス形測定の場合

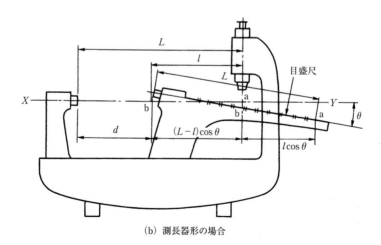

(b) 測長器形の場合

図3.5 アッベの原理

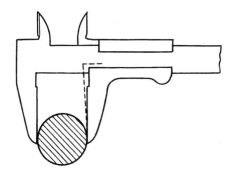

図3.6 ノギスによる外径測定

さしが θ だけ傾くと，目盛は b の位置になる．

ここで，物差しの軸線上の移動量は l である．また，測定接触面から a 点までの距離を L とすれば，L は固定端から顕微鏡までの距離に等しくなり，次の式が成り立つ．

$$d = L - (L - l)\cos\theta$$

誤差の値は $d - l$ なので，

$$\begin{aligned}d - l &= L - (L - l)\cos\theta - l \\ &= L(1 - \cos\theta) - l(1 - \cos\theta) \\ &= (L - l)(1 - \cos\theta)\end{aligned}$$

ここで，θ が微小角だと $1 - \cos\theta = \theta^2/2$ なので，

$$d - l = (L - l)\theta^2/2$$

となる．したがって誤差は，傾き θ の 2 乗に比例する．

θ が小さい場合は，θ よりも θ^2 のほうが値は小さくなる．たとえば $\theta = 0.1$ なら，$\theta^2 = 0.01$ となる．

これがアッベの原理で，エルンスト・アッベ（Ernst C. Abbe）は，1890年にこの原理を発見した．それは，次のような表現で書かれている．

「スケールと試料は，測定方向の同一直線上に置く．これによって移動台の不正確さに基づいた傾きから生じる長さの誤差を，2次元的なものだけに抑えることができる」．

3.4 ノギス

「ノギス」という言葉の語源は，フランス語の「**ノニウス**」（nonius）といわれる．ノニウスは，「**副尺＝バーニヤ**」とか「**遊標**」の意味で，副尺によって細かい寸法が読めるようになっていることから，この名が付いたようである．

日本でも，明治時代には「ノニス」と呼んでおり，それが変化して現在のノギスの名になったようだ．

ノギスのようにものを挟んで外側の寸法を測る道具の歴史は大変古く，現在知られているもののなかで最古のものは，中国のものである．図3.7は「新莽銅尺」というもので，新時代（AD1～5年頃）の王莽が定めた尺度によって

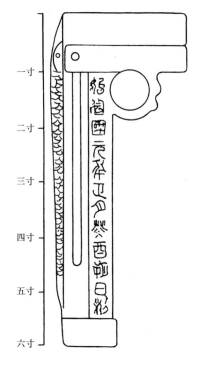

図3.7 古代中国のノギス

作られた青銅尺である．現在のノギスとほとんど同じ形をしており，違う点といえば副尺がなく，細かい値が読めないところだけである．

この種のものを挟んで測る測定具は，中国では「玉尺」というとおり，ボタンや玉などの大きさを測るのに考えられたようで，現在私たちが丸棒の直径を測るのと同じような用途で使われていたものと思われる．

> **コラム 6**
>
> ## ノギスで卵の直径を計る
>
> 卵は丸い．といっても本当は楕円体であり，計る場所で直径の値も異なる．もっと面倒なことはギュッと挟むと割れるかもしれないことである．そこでこのような柔らかいものの測り方を確立する必要がある．柔らかいものをノギス，あるいはマイクロメータのような接触式測定器で測ると，どの位の測定力で測った値を正しいとするか？　という問題がある．すると本当の卵の直径はどのようにして計ればよいか，という問題になる．試しにプラスチック製のデジタルノギスで軽く挟んで測ってみた．
>
> 　選んだ卵はLサイズといって売っているものの1パックから2個取り出した．卵をウイスキーグラスの上に立て，グラスの下から回転させて，大体20～30度とびに直径を計る．計った場所はもっとも直径値の大きい場所である．1個目の平均は42.7mmでばらつき幅0.1mm，2個目は43.5mm幅0.2mmと，半径値換算で0.1mm以下の楕円であった．さらにびっくりしたことはできる限り力を入れて測定したところ，0.1mmしか値が変化しなかったことである．
>
> 　どうやら卵は硬い材料なのかもしれない．
>
> 　ついでに茹でてみた．結果はわずかに直径が増える感じ（0.1mm程度）で，ほとんど変化なしであった．

3.4.1 副尺の原理

「副尺」は，1631年にフランスのP．バーニヤ（Vernier）により発明されたが，そのオリジナルはポルトガルの僧侶，ペドロ・ニュネツ（Pedro Nunez）によって考えられ，その理論は1611年にクリスト・クラビウス（Christ Clavius）によって打ち立てられている．

図3.8は，バーニヤの原理である．たとえば，本尺に1 mmピッチで10本の目盛があったとする．そこで，副尺側に本尺の9本分に相当する長さを取り，それを10等分した目盛をふる．すると，そのわずかな差が本尺の1目の間を分割する働きをして，この例では1/10目，つまり0.4と読むことができる．

このように，他に何の道具も使わずに動きを拡大して読む方法が，この副尺法である．

図3.9は，ドイツのミュンヘンにあるドイツ博物館に展示されている，初期のノギスである．上にあるものには副尺は見えないが，中央のものには副尺と，内側を測るための内側用触子が付いており，現在私たちが使っているものとほとんど同じ形をしている．

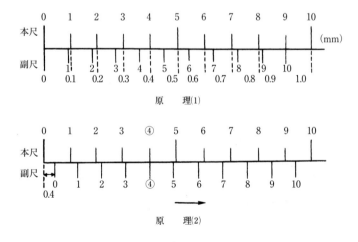

図3.8　バーニヤの原理

他にもいくつか，18～19世紀の物さしが見られるが，どれも興味深いものばかりである．

図3.10は，アメリカのスミソニアン博物館に展示されているノギス（アメ

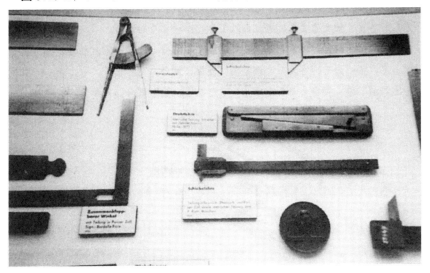

図3.9　初期のノギス（ミュンヘンドイツ博物館）

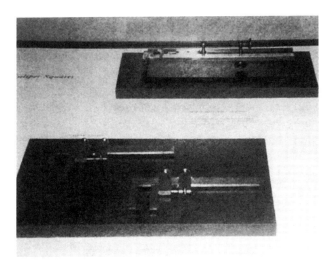

図3.10　初期のノギス（スミソニアン博物館）

リカでは「**バーニヤ・キャリパ**」という）である．これらのノギスには微動用のねじが付いており，図3.9のものと比べるとずいぶん進歩したものになっている．

このように比べてみると，現在私たちが使っているノギスが，いかに便利に，そしてうまく使えるように考えられてきたかがよくわかる．

ノギスは，目盛の位置と測定物に接触する部分とが同一線上にはない．したがって，強い力で押さえると測定値は簡単に変わってしまう．そこで，いつも一定の力で軽く押さえるのがポイントである．挟む部分はノギスの生命で，こ

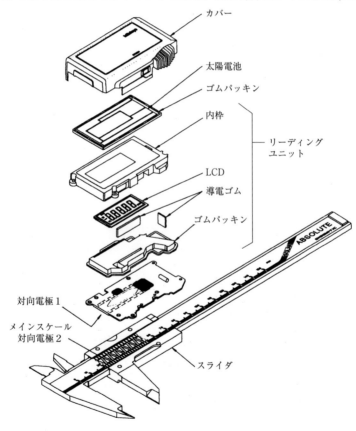

図 3.11 デジタルノギスの内部構造 [10]

の2つの部品（**ジョウ**）が，どこの測定長さでも平行でなければならない．したがってガイドの構造と，その部分の管理（ごみが入らないよう，油切れを起こさないよう）も大事だ．先端部分（ここを"**くちばし**"という）が尖っているが，ぶつけたり落としたりするとすぐに曲がる．ジョウが平行かどうかは，明るいところへ透かしてみればわかる．平行であればどこの部分でも漏れる光は同じである．

副尺の読み取りも間違えやすい．そこで直接数値の読めるデジタルノギスが増えている．このノギスは目盛り尺の所に静電容量式で位置を読み取ることのできる物さし（これをデジタルリニアスケールという）を組み込んでいる．静電式なので消費電力も少なく，1回の電池交換で1年ぐらいは使用できる．**図3.11**は，代表的なデジタルノギスの内部構造である．本体の上にメインスケール電極があり，それに対向するようにスライダ上にも電極がある．この両者の電極の間の静電容量の変化の回数を数えて変位量とするのである．そのための回路がスライダ上にいっしょに組み込まれている．

ここで使用されている静電容量の応用についてはまた別の章で説明しよう．

3.5　ねじの応用

ねじは，機械工業はもちろん，すべての産業になくてはならないものであるが，現在のように高精度のねじが簡単に手に入るようになったのは，そう遠い昔ではない．エジプト時代には，三角形に切ったものを軸に巻き付け，できあがったスパイラルに沿って，刃物で刻みを付けたといわれている．

近代的なねじ切りの始まりは，イタリアの**レオナルド・ダ・ヴィンチ**（Leonaldo da Vinci）といわれる．**図3.12**は，ダ・ヴィンチが考案した，雄ねじを切る道具である．雌ねじを切る方法もスケッチに残しているが，その原理は現在のタップによく似ている．

一方，雄ねじを切るほうは，歯車を変えることで異なるピッチを切ることができるしくみで，現在のところこの機械が，1本の親ねじを元にして可変ピッチを切ることができる装置の始まりとされている．

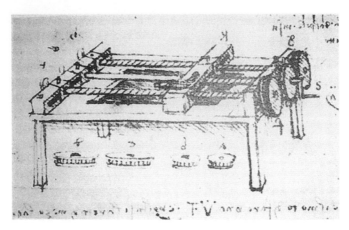

図 3.12　レオナルド・ダ・ビンチのねじ切り装置

3.6　マイクロメータ

　現在私たちが現場で使っている長さ測定器のなかで，最も安定性にすぐれ，かつ精度の高い測定器は**「ねじマイクロメータ」**である．こういうと意外に思われるだろうが，十分に校正され，かつ使用法が適切であれば，数 μm 台の測定精度が得られる．**図3.13**は，基本的なマイクロメータの外観と構造である．

　マイクロメータは，ねじと，ものを挟むフレーム，そしてねじの移動量を示す目盛りから構成されている．このねじマイクロメータの始まりは，現在のところはあの蒸気機関の発明で有名な**ジェームズ・ワット**（James Watt）によるとされている．**図3.14**は，彼が作ったマイクロメータである．もう 200 年以上も前の，1772 年製といわれている．

　このマイクロメータは現在のものと違い，送りねじでより細かい目盛を，そのねじとかみ合う歯で粗い移動量を読むしくみである．測定可能な寸法範囲は約 1in で，現在のねじマイクロメータとほとんど変わらない性能をもつ．

　ねじのピッチは 19 ピッチ/in で，ダイヤル上には 51 等分の目盛が刻まれているから，$19 \times 51 = 969$，すなわち 1 目は約 0.001in（約 25.4μm）となる．

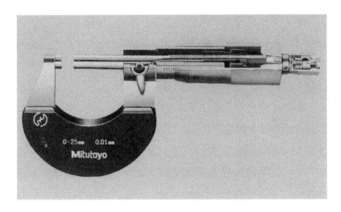

図3.13　マイクロメータの外観

図3.14　ワットのマイクロメータ

このような高い分解能の測定器が，200年以上も前にすでに作られていたのである．
　ただ，この構造を見てわかることは，工作技術の限界から滑りガイドを使用しており，スムースに動くようにねじで調節できるようになっていることである．これは，現在の旋盤のガイドと同じ考え方である．

今日のようなスマートな形のマイクロメータは，1848年にフランスの**パルマー**（Palmer）によって発明されている．このマイクロメータの外観は，**図3.15**(a) のようである．アンビルもあり，雄ねじと同軸のスリーブ部分で目盛を読むようになっている．

しかし，このマイクロメータはあまり普及せず，パリの博覧会に出品されたのを見たアメリカのブラウンとシャープが特許権を買い，アメリカで製造，販売するようになったのが始まりといわれている．ただ，**ブラウン&シャープ**のマイクロメータも最初はほとんど売れず，苦労したといわれている〔**図3.15**(b)〕．

ここで，マイクロメータではないが，微小量の測定に最初にねじを使用した例といわれているものを紹介する．それは，1638年にイギリスの**ガスコイン**（Gascoign）が製作した測微装置である（**図3.16**）．

この装置は，品物の寸法を直接測定するのに作られたものではなく，太陽や

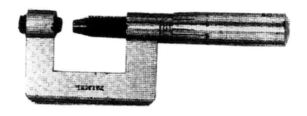

図3.15(a)　パルマーのマイクロメータ

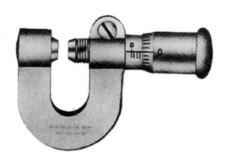

図3.15(b)　ブラウン・シャープのマイクロメータ

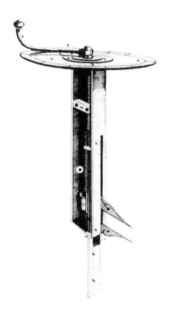

図 3.16　ガスコインの測微装置

　月のような天体の見かけの直径を測るために考えられたものであるが，その考え方や作り方がマイクロメータにきわめてよく似ている．

　マイクロメータの生命は，いうまでもなくねじ部分である．ねじの部分の取り扱いを十分に注意すれば，マイクロメータは実に寿命の長い測定器なのである．また品物を挟む部分も大事である．この軸の先端と，反対側の面が平行で，かつ平らである必要がある．そのための検査道具も備えられている．

　一般のマイクロメータではシンブル外周の目盛りと，軸の筒外周にある 0.5mm 単位の目盛りから値を読む．このとき目の位置により読む値が変化してしまう（**図 3.17**）．これはシンブル部分に厚みがあるからである．いつも一定の方向から読むように練習をすると $3\,\mu m$ 程度までは読むことができる．最近はシンブルの中に回転角度を検出する電子式センサ（これをエンコーダという）が組み込まれ，$1\,\mu m$ 単位で直接読むことができるもの（デジタルマ

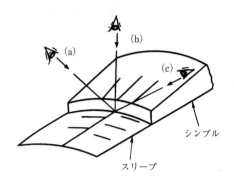

図 3.17 マイクロメータの目盛の読み方

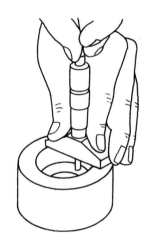

図 3.18 マイクロメータヘッドの応用（段差測定）

図 3.19 微動装置への応用

イクロメータ）が普及してきた．これなら読み誤りもなく，測定分解能も1桁高い．

　マイクロメータはそのヘッド部分（これを**マイクロメータヘッド**という）だけを使うことも多い．**図 3.18** は段差を読んだり，溝の深さを計る応用（**デプスマイクロメータ**という）の例である．また，ねじで移動ができることを応用して小型の微動台の送り装置にも用いられる（**図 3.19**）．

　マイクロメータでは測定力を一定にするための工夫が備えられている．**図 3.20** はその一例であり，ラチェットとスプリングがあり，一定以上のトルクがかかるとスリップするような構造となっている．こうした装置により 2.10 で示した測定力の影響を防いでいる．

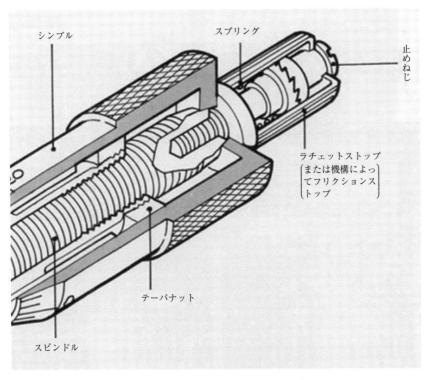

図 3.20　測定力を一定にするための工夫

コラム 7

モーズレイのベンチマイクロメータ

　イギリスのヘンリー・モーズレイ（Henry Maudslay）は，近代的旋盤を作り，1本のねじで種々のピッチのねじを切ることができる方式を完成させたことで知られる．

　彼も最初は，ヤスリで親ねじを削っていたようであるが，ついに希望するピッチのねじを作り出す機械として，図1に示すようなものを完成させた．

図1　モーズレイのねじ創成器

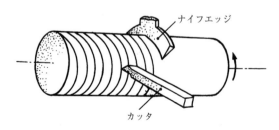

図2　ねじ創成法の原理

この機械の原理は，図2のようにスリーブのなかにしっくりはまる軸を用意し，その上に少し角度を付けてナイフエッジを当てる．すると，軸を回転させれば一定ピッチで軸は前進し，そこにバイトを当てればねじが切れるというもので，実にうまいアイデアである．
　図1を見るとそのしくみがよくわかるが，正確なピッチを作り出すために，ナイフエッジの傾き角はウォームで微調整できるようになっている．
　実際の作業は，軟らかい金属にこの装置でねじを切り，次にこのねじを旋盤に付けて親ねじとし，何山かにかかるナットを当てて誤差を平均化してから，もう少し硬い金属にねじを切る．この作業を何回か繰り返し，最後には鉄にねじを切ることができた．
　図3は，このようにして作られた精度の高いねじを用いて，モーズレイが現場作業の原器として使ったといわれている，「ベンチマイクロメータ」である．1805年頃のものといわれ，ストロークは約50mm，仕上げもきわめてよく，ロンドンの科学博物館で実物を見ることができる．
　図4は，このマイクロメータを精度検定した結果である．200年近くも前のものとは思えない素晴らしい精度を持ち，現在でも十分に使うことができる．
　このようにねじの機能は大変にすぐれたもので，力の伝達だけでなく，何百年にもわたって精度を維持できる．省エネルギー，省資源を真剣に考える場合，私たちはもう一度，ねじや歯車のメリットを考え直してみる必要がある．

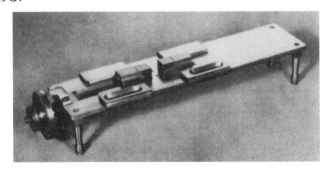

図3　モーズレイのベンチマイクロメータ

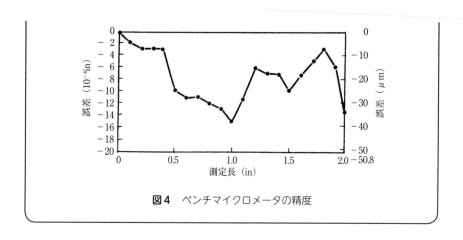

図4 ベンチマイクロメータの精度

3.7 現場の長さの基準，ブロックゲージ

ブロックゲージというものがある．スウェーデンの**ヨハンソン**が発明したもので，四角い鉄の固まりで，両端が正確に磨かれてその間の長さが正確に決め

図 3.20 ゲージブロック

第 3 章 ◆ 長さの計測

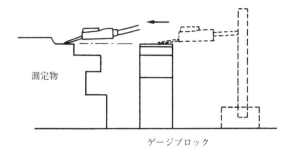

図 3.21　ゲージブロックによる高さ基準の作成

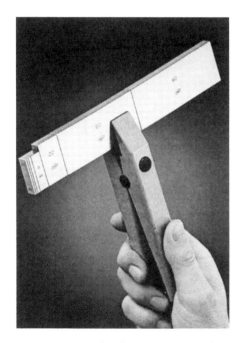

図 3.22　リンギングによる寸法の合成 [11]

られているものである．薄いものでは上下両面が磨かれた形になっている．**図3.20** がその外観である．この正確な長さを寸法として使用するのである．たとえばマイクロメータであれば，ブロックゲージを挟んで値を読み，ブロックゲージを正しいとしてマイクロメータの目盛りの間違い（偏差）を校正する．

あるいは平らな**定盤**の上に立て，定盤表面からの高さを基準として，ブロックの上面が作る高さを比較の基準として用いたりする（**図3.21**）．

ブロックゲージには面白い性質があり，そのために現在まで現場での長さの基準の座を保ってきた．それは任意の寸法を足し算で作り出すことができる，ということである．もともと決まった，きりのよい寸法をもった複数のブロックで構成されている．したがって，1 mm，2 mm，5 mm，10mm，20mm などの寸法は1個のブロックで得ることができる．

では端数の，たとえば13mm はどのようにしてこれを実現するかであるが，原理は簡単．10mm のブロックと 1 mm，2 mm の合計3枚を重ねるのである．このとき**リンギング**という操作を行なうと，ブロックのおのおのの表面がピタリと吸い付いて，あたかも1個の固まりのように振る舞うのである（**図3.22**）．

このリンギングという現象を実現するためには，表面はきわめて平らで，かつ滑らかでなければならない．また，少しでもごみがあると付かない．家の中でこの現象を再現するのは比較的むずかしいが，平らなガラス板（たとえば手鏡のわくの付いていないもの）が2枚あれば，うまくすると実験できる．

このようにくっつけ合せるというと，すぐにその継ぎ目がごくわずか厚みをもち，だんだん重ねる量が多くなるにつれて加算された値が単純な足し算の値からずれるのではないか，という疑問が生じる．過去の実験によれば，大体一対のブロックのリンギング厚みは $0.02\mu m$ 以下であり，実用上差し支えない値であることが実証されている．

3.8 ダイヤルゲージ

ダイヤルゲージは一般的な測定工具の1つであるが，いままでに紹介したマ

イクロメータ，あるいはノギスと異なるのは現場でのすばやい変位量の測定に長けている，という点である．そのため工作機械の動きの測定とか，ラインの中での寸法チェック用などに主に使用されている．

図 3.23 右は代表的なダイヤルゲージの外観であるが，左の**テストインジケータ**と呼ばれるものもダイヤルゲージの仲間なのである．ただし中の構造は少々異なり，しかも使い方も異なるので別々に紹介しよう．

ダイヤルゲージは先端に測定する端子（これを**測定子**という）を取り付けたスピンドルを上下させたときの，その変位量を針と目盛板で示すものである．一番の問題はどのように変位を拡大するか，ということである．そこでおなかの中を開けて見よう（**図 3.24**）．中身はまるで機械時計のよう．スピンドルの側面にはラックが切ってあり，そこに歯車がかみ合う構造となってる．歯車は何段かにわたり取り付けられ，回転角度を拡大している．

最終段の歯車には針が取り付けられ，目盛板に指示している．このように大変複雑なため，精度を得るためには歯車，ラックの精度が要求される．全体の拡大率は 0.01mm の変位が目盛りで 2mm 程度となっているので，約 200 倍である．

次はテストインジケータである（**図 3.25**）．これも内部は歯車が中心である．ただダイヤルゲージと異なる点は，動作範囲が 0.2～1mm 程度と狭いことである．その代わりに感度が高く，一目盛り 2μm が一般的となっている．

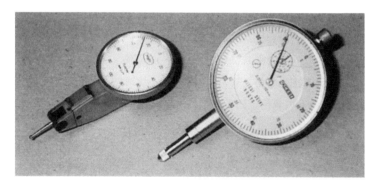

図 3.23　ダイヤルゲージの種類〔ダイヤルゲージ(右)とテストインジケータ(左)〕

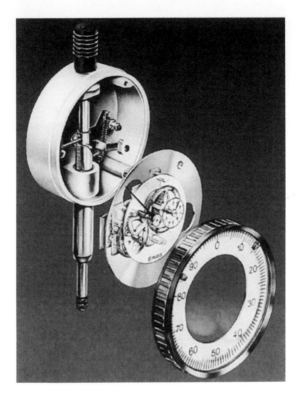

図3.24 ダイヤルゲージの内部構造[12]

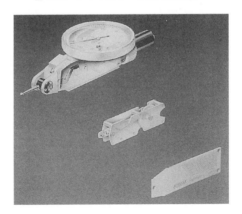

図3.25 テストインジケータの内部構造[13]

第3章◆長さの計測

このタイプは感度が要求されるので，高級品では軸受けに宝石を用いて摩擦を少なくしている．反面衝撃には弱いので取り扱いには注意が必要である．

だが最近のデジタル式のものはまったく異なる構造となり，精度も大幅に向上している．

> コラム 8
>
> ## 100円ショップで30cm物さしを買う
>
> 最近の100円ショップは大変楽しい．こんなものまで100円で買えるか！ とびっくりすることもしばしば．なかでも文房具は種類も多く，面白い．そこで幾種類か売っている30cm程度の物差しを買い（竹，プラスチック，金属，国は中国，台湾，インドネシア，特別参加でアメリカとドイツ，イギリス，これらは出張時購入），その目盛の正確さを調べてみた．どんなに安くても目盛りがいい加減だったら，使えないからだ．
>
> 検査は基準とする金属製物さし（直尺という．あらかじめ1μm読みの測長器で検定し，30cmの範囲内で0.01mm以内の誤差であることを確かめたものである）を基準とし，これに検査する物さしを並べて目盛り同士が比較できるようにする．目盛を20倍程度の虫眼鏡で見ながら1cmごとの目盛を比較した．
>
> すると驚いたことに最大で0.6mm程度．パーセントでいうと0.2%以内の誤差であった．最近のものづくりの管理は本当にすばらしいと感じた次第．

3.9　万能測定器としての3次元測定機

我々の生活の中で単なる長さだけ，あるいは面積だけで話のできるものは意外と少なく，ほとんどが，縦，横，高さからなる3次元的な品物である．ただ，その品物の代表的な寸法を用いて，長さあるいは面積のようなものを扱っているにすぎないのである．

では3次元の物体の形，寸法すべてを計るにはどのようにしたらよいのだろうか．最初にも述べたように，縦，横，高さの3寸法であるから，3本の目盛りが必要である．次にはその3本の物さしの位置関係を決める枠組みが必要となる．これが**座標軸**である（**図 3.26**）．一般には各々の関係が，互いに直角な直角座標系が用いられる．

次にはこの座標軸と，物さしにより形作られた空間の中に計る品物を置く．そして置かれた品物のある1点（どこでもよい）の座標の値を求めることになる．問題は，その1点がどこであるか，ということをどのようにして定める

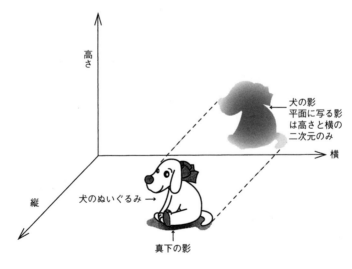

図 3.26　座標軸とは

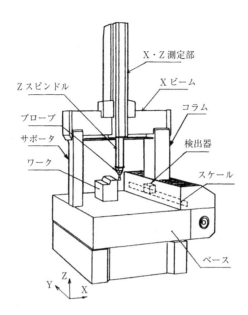

図 3.27 代表的な3次元測定機 [14]

か，ということと，その場所が座標系の中のどの位置か，ということを定めること，の2つである．

この問題のために実際の測定機では各軸の上を移動する台と，1点がどこかを指定するセンサ（これを**プローブ**という）を備えている．**図 3.27** は，代表的な **3 次元測定機**の構造図であるが，この例ではプローブヘッドのついた軸が移動し，下の固定定盤上の品物の上の任意の位置にプローブを案内できる構造となっている．

現在の市場には，きわめて多くの形式の3次元測定機がある．その種類を**図 3.28** で紹介しよう（JIS B7440-1：2003 座標測定機の受入検査及び定期検査—第Ⅰ部：用語による）．

3.9.1　3次元測定機で計れるもの

さて，表題のように3次元測定機は万能測定機である，と書いたが，どのよ

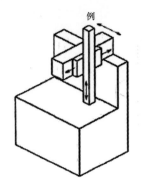
カンチレバー固定テーブル形

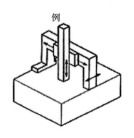
ブリッジ，門移動形

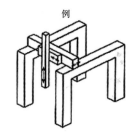
ブリッジ，フロア形

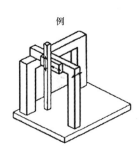
L形ブリッジ形

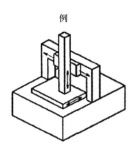
固定ブリッジ形

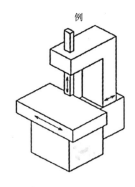
シングルコラム，コラム移動形

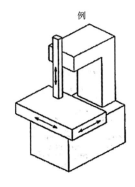
シングルコラムXYテーブル形

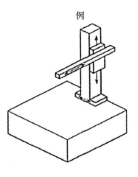
ホリゾンタルアーム形

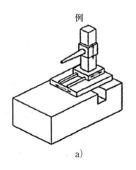
固定テーブル形

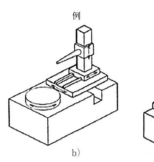
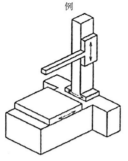

固定アーム形　　　　ホリゾンタルアーム，移動テーブル形

図 3.28　3 次元測定機の種類

うに万能であろうか，その点を少し述べよう．まず寸法測定である．ノギス，マイクロメータで測定可能なものの長さ，段差寸法，丸い形状のものの直径，長方形の各辺の長さ測定などは容易な部類である．

　次には形の測定（**形状測定**）である．円がどの程度丸いか，あるいは円筒の母線がどの程度まっすぐであるかを測定することであるが，これもそこそこ可能である．さらには歯車の測定も可能である．**図 3.29** はそれらの中の代表例である．

　3 次元測定機は計る品物を機械のテーブルの上に置けばすぐに測定できる，というものではない．その前にかなりの事前作業が必要である．測定作業全体の順番は大体つぎの通りである．

① 　座標系の設定
② 　機械の原点設定
③ 　プローブの補正
④ 　具体的な測定作業，ティーチング
⑤ 　データ処理

　この中でも，①から③が 3 次元測定機特有の事前作業である．また④のティーチングも他にない作業といえよう．

　座標系の設定とは，これから測定する品物がどの平面を基準として測定する

分　類	寸　　　　法				
測定項目	穴の中心寸法 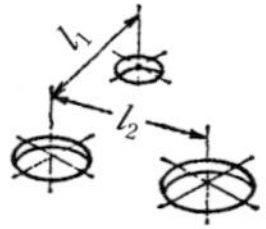 l_1 l_2	穴の直径 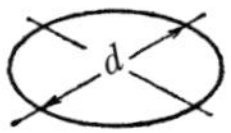 d	面間寸法 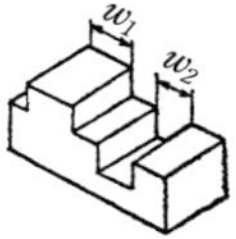 w_1 w_2	高さ，段差寸法 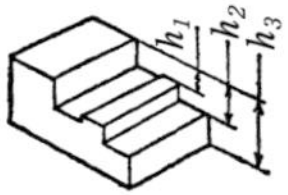 h_1 h_2 h_3	ピッチ寸法 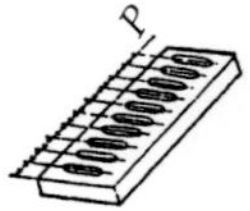 P

分　類	座　　　　標	
測定項目	穴の中心座標 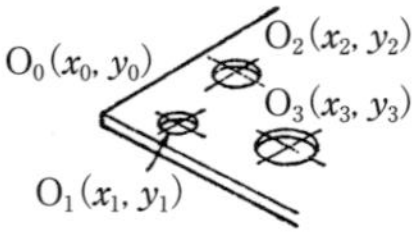 $O_0(x_0, y_0)$ $O_1(x_1, y_1)$ $O_2(x_2, y_2)$ $O_3(x_3, y_3)$	ピン，球の位置 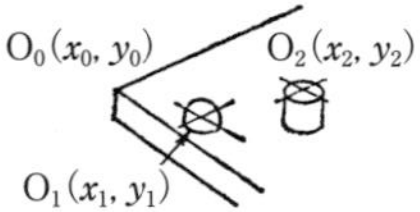 $O_0(x_0, y_0)$ $O_1(x_1, y_1)$ $O_2(x_2, y_2)$

分　類	輪　　　　郭				
測定項目	水平曲断面形状（二次元） 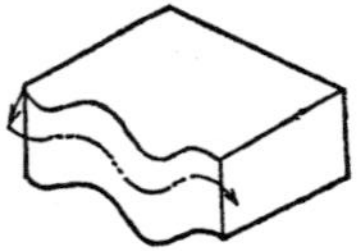	垂直曲断面形状（二次元） 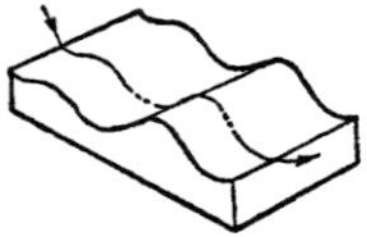	自由曲面形状（三次元） 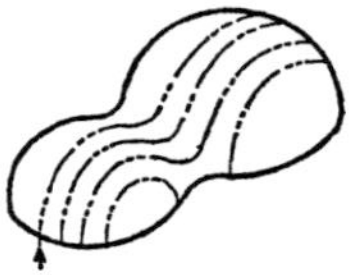	円筒曲面形状（r，θ） 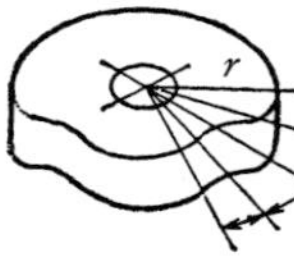 r θ	円筒曲面形状（z，θ） 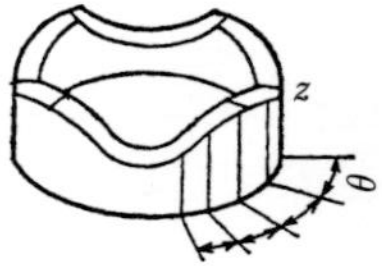 z θ

図 3.29　3次元測定機による測定

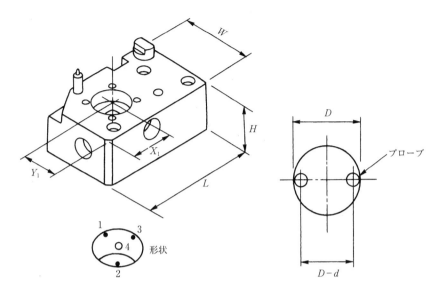

図 3.30　測定したい品物の形　　　図 3.31　穴直径の測定

かを予め定義することである．いま四角い箱の形をした品物で，その側面に穴があいている例を考えてみる．そして測定したい内容は箱の全体寸法と，穴の中心位置，穴の形であるとしよう（**図 3.30**）．

この時，品物にはそれ自身の基準となる面がある．これを**基準平面**という．この面を基準としてすべての寸法，位置を決めていくのである．この基準平面と，測定機のもつ座標系とは必ずしも一致しない．すなわち測定機の上に斜めに置いたり，場合によっては下にごみがついていて傾いて置かれることもよくある．そこで機械のもつ座標系と，品物のもつ座標系の相互の関係をもたせる作業が必要なのである．これが座標系の設定である．

次は**プローブ補正**である．先ほどの図の品物を測定することを考えよう．穴の径を計るときプローブは，直径の部分の両側2点に接触する（**図 3.31**）．このときプローブの中心間距離は穴の直径と等しくない．考えてみれば穴径マイナスプローブ直径となることはすぐわかる．このための補正がプローブ補正（径補正）である．

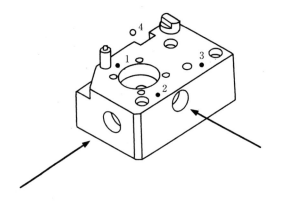
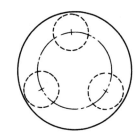

図 3.32　方向の違う穴の測定　　　　図 3.33　円直径の測定

　さらに立体的な位置を計るとき，一方向からのみではプローブが入らないケースも出てくる（**図 3.32**）．そのためにプローブの方向を変えるが，すると最初の測定した結果と位置がずれてしまう．これもプローブ補正の1つである．

　もう少し厳密な例では斜面の測定がある．斜面部分ではプローブ先端が摩擦の影響で少しずれる．これを補正するためには品物の表面の状態と接触角度でどれだけずれるかを求めておく．そして後で補正するのである．

　具体的な測定手順は品物の形で大きく異なる．先ほど穴の直径の測定の例を挙げたが，実際には最低3点接触させて穴の直径とその中心座標を計算する．**図 3.33** のように3点を通過する円はたった1つしかない，という定理を使っての計算である．同様に平面も3点を通過する面は1つしかない，という定理に基づいて計算される．

　形が複雑になるほど測定点数も増加する．そのため手によって測定するには限界があり，予め測定手順をプログラムして，後は自動測定させることが一般的になってきている．手で計るよりも測定時の条件が揃うため，測定精度はかえって向上することが多い．

　複数の同じ形の品物を測定する場合には，**ティーチング**という機能がよく使

第3章◆長さの計測

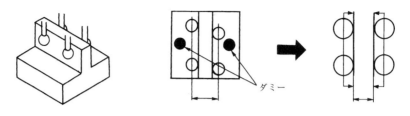

図3.34 ダミー点の入力

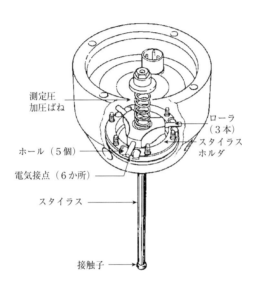

図3.35 タッチプローブの内部構造

用される．これは一度目の測定手順をすべて記憶させ，二度目には自動で動かして測定する方法である．

もう1つ3次元測定に特有の測定操作として，**ダミー点**入力というものがある．**図3.34**のように壁の厚さとその方向を測定したとしよう．方向は4点の測定値より求めることができる．問題はこの測定値が溝の測定値なのか，壁の厚さなのかがわからない，ということである．そのためにダミー点というものを入れる．この入力によりダミーがある側は空間である，ということを認識す

91

るのである．このような注意をいろいろな測定位置で払わないと，正しい測定結果が得られない．

最後のデータ処理では主に報告書の作成が行なわれる．最近は設計データとの比較により合否判定をする，というケースが増えている．そのために一定の形式で公差に対する合否判定結果が計算されて出力される．

プローブには，タッチプローブと呼ばれる測定物に接触した瞬間に信号をだすもの，スキャンニングプローブという接触状況を連続的にとらえるもの，光学的に非接触で測定物を観測するもの，そして最近では表面粗さを測定するためのプローブなどがあり，その応用範囲は大きく広がっている．**図 3.35** はその中の代表的なタッチプローブの内部である．接点が接触位置を決定する信号を出す．どの方向から接触しても確実に信号を出すために 3 個の接点が備えられている．

3.10 電子化計測機器
—— デジタルマイクロメータ，デジタルノギス，デジタルダイヤルゲージ

この 20 年，精密計測技術の分野がもっとも大きく変化した領域がある．それは電子技術の応用と，パーソナルコンピュータ，あるいはマイクロプロセッサの普及によるデータ処理である．この節では今までに示した基本的な測定機器が電子技術によりどのように変化したかを示そう

3.10.1 電気マイクロメータ

現在の電子，光学機器の進歩には目をみはるものがあるが，実際の生産現場で，はじめて 1 μm 以下を測定可能としたのが**電気マイクロメータ**である（電気マイクロと一般には呼ぶことが多い）．電気マイクロには差動トランス型，静電容量型，光型などがあるが，もっとも一般的なのが**差動トランス**（LVDT: Linear Variable Differential Transformer）型である．このタイプの外観は**図**

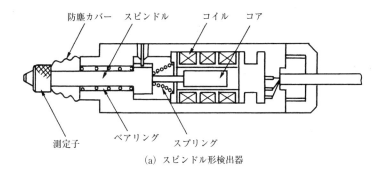

(a) スピンドル形検出器

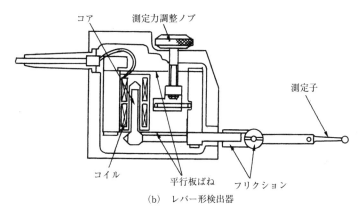

(b) レバー形検出器

図3.36 電気マイクロメータの外観

3.36のように，プランジャ型あるいはレバー型があるが，高精度を望む場合にはプランジャ型がよい．この動作原理を示す構成は，**図3.37**のようにトランスを形作る3組のコイルと，その中を上下するコア（鉄心），そしてこのトランスに対する交流電圧の供給装置とインダクタンスの変化を直流電圧の変化に代える回路からなっている．コイルの組み合わせの中で鉄心が上下すると，2組のコイルへの交流電流の流れ方が変化する．この変化を捉えるのが動作原理である．

高い精度を得るためには均一な巻き線，高いキャリア周波数，スムースな鉄心の動きなどが重要である．実測では10nm（0.01μm）台の分解能と直線性

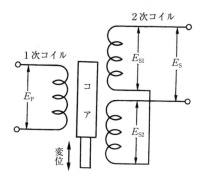

図 3.37 差動トランスの原理

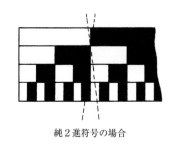

純 2 進符号の場合

図 3.38 アブソリュートスケール

をもつものもあり,現場で信頼して使用できる高感度な変位センサであるといえる.

3.10.2 物さしの進化——デジタルスケール

たとえばある町で,場所を知るにはどのようにするだろうか.1 つは,道端に植えられている木を端から数えて何本目かを知る方法,番地に従って訪ねる方法である.スケールも同じで,等間隔に並んだ線の本数を数える方法と,絶対番地から位置を知る方法とがある.前者を「**インクリメンタル方式**」,後者を「**アブソリュート方式**」という(**図 3.38**).最近は停電,トラブルに強いアブソリュート方式が工作機械用を中心に普及している.また現場用ノギス,マ

イクロメータでも増えてきている．

　現在使われているスケールの大体がインクリメンタル方式で，ここで紹介するモアレスケール（フェランティ社，英国）もその一種である．等間隔に正確に線を引くことは，簡単なようで意外にむずかしい．たとえば，フライス盤を使ってアルミ板の上に等間隔の線を引いてみる．

　1本1本の線の間隔は，テーブルの送りねじの精度で決まる．また，けがきのためのスクライバの先端の精度がよくないと，線が汚くなり，中心がはっきりしない．さらに，たとえ送りねじの精度がよくても，時間とともに温度変化でピッチは変わる．とくに，μm台の精度が要求される場合には，なおさらである．

　等間隔で線を引くものとしては，昔から「**ルーリングエンジン**」という刻線機があった．これは，物理学でよく使われる分光器を製造するためのものであるが，スケールのような長いものを作ることはできなかった．

　そこで，非常にうまいアイデアを出した人がいた．物さしには何も刻む必要はなく，等間隔のものがあればそれが物さしになるので，旋盤で加工したねじをそのまま使おうというアイデアである．

　まず，よく磨いた長い金属円筒の半分に旋盤でねじを切る．このときのピッチは，希望する刻線のピッチと等しくしておく．そして，このねじの部分に特殊なコルク製のナットをかませ，**図3.39**のようにダイヤモンドバイトを付けて円筒を回転させながら，残った半分の部分にねじを切る．すると，新たに切られたねじのピッチは，前に切ったねじにかかるナット部分の平均になる．つまりこの方法は，ナットによるピッチ誤差の平均化を利用したものなのである．

　このナットは，発明者の名を取って「**メルトンナット**」と呼ばれている．メルトンは，この方法を1948年にイギリスのNPL（国立物理研究所）で発明した．**図3.40**はこのナットである．

　このような方法を繰り返して，きわめて高いピッチ精度のねじができると，次のその表面にポリエステルなどの樹脂をコーティングし，固まった後で剥がす（**図3.41**）．すると，その表面には正確にねじのピッチの山谷が転写される．

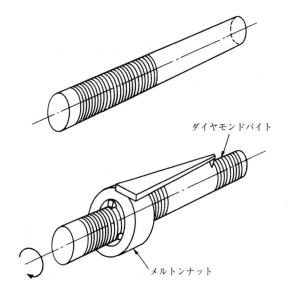

図 3.39 円筒のねじ切り

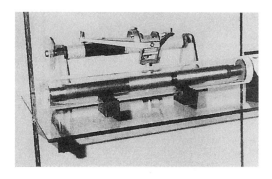

図 3.40 メルトンナット

第3章◆長さの計測

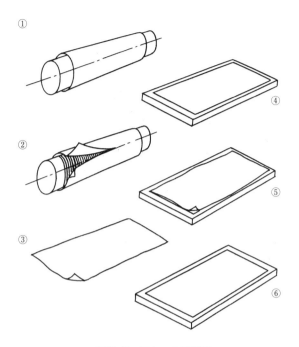

図 3.41　スケールの製法

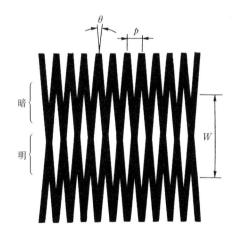

図 3.42　モアレ縞の原理

97

これを「ペクリル」と呼ぶ.

次に，平らなガラスの上にゼラチンを薄く延ばし，その上に裏返しにペクリルを載せ，ローラーで密着させる．ゼラチンが固まった後にペクリルを剥がすと，そこには格子ができ上がる．実際にはこれがマスターになり，さらにこの上にポリエステル系樹脂を流して型を取り，それをスケールとする．

さて，この格子の使用法は，等間隔に引かれた2枚の格子を用意し，その2枚をわずかに傾けて図3.42のように重ねる．するとそこに太い縞が現れ，これが「モアレ縞」と呼ばれるものである．

重ねた状態で一方の格子を横にずらすと，太い縞は上下の方向に動く．このときの太い縞の間隔は，両方の格子の傾き角度θで決まり，もとの格子のピッチをpとすると，$W = p/\theta$という関係がある．つまり$1/\theta$倍されたわけで，わずかな角度だとこの拡大率は大きなものになる．

この太い縞は，格子が1ピッチ移動するたびにやはり上下に1ピッチ動くため，細かい格子の動きを見なくても大きな縞の動きを観察していればよい．この方が光学系が楽になるし，さらにモアレ縞は平均化してくれるというおまけもある．

フェランティは，この方法を応用して最初のデジタルスケールを作った．現在使われているデジタルスケールは，このような製法ではないが，モアレスケールのおかげで測定器や工作機械のデジタル化，NC化が実現したのである．

現在のデジタルスケールには格子を磁気で作るもの，静電気で作るもの，光の回折で作るものなど種々さまざまであるが，オン・オフを1個ずつ数える，という基本に変わりはない．

3.10.3　目盛りの分割

さて，デジタルで信号が出せる，ということは大変な進歩であるが，その影に**内挿技術**の発達があることを忘れてはならない．図3.43のように等しい幅の格子の目盛りをならべると黒，白でこの間隔（ピッチ）を$4\,\mu\mathrm{m}$とする．すると黒2本の間隔が$4\,\mu\mathrm{m}$であるから，これより細かい目盛りを作ることはできないことになる．ところがよく見ると，黒の線の始まりと終わりの間の

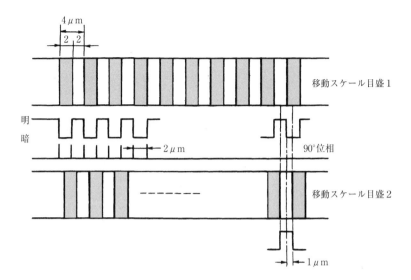

図 3.43　等間隔目盛り線と位相

距離は 2μm である．したがって，このエッジをうまく利用すると 2 分割できる．さらに，並列に 90 度位相のずれた格子をならべてみる．すると 90 度ずれた格子のエッジも使えば 1μm ごとに信号が出せる．90 度ずれた格子を用意するのは，数を数えるときに加算するか減算するかの方向を見極めるためで，ほとんどのデジタルスケールは何らかの方法で 90 度位相がずれた信号を作って利用している．

　以上の方法はデジタル式に分割する方法であるが，これでは限界がある．そこで考えられたのがアナログ方式である．

　格子を抜けて出てきた光線の量は，2 枚の縞のすきまの大きさに比例するはずで，移動量と直線的に比例するはずであるが，実際はそのようにならない．2 枚の格子を通り抜けた光の分布の状態をよく見ると中心が黒く，周辺は光の回り込みで薄ねずみ色になることがわかる．すると通過した光の強さはある分布のカーブになる．この明かりの強さと格子の位置とは関係があり，うまく設計すると，ちょうどサインカーブのような強度の分布になる（**図 3.44**）．もう

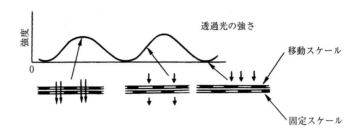

図 3.44 格子を透過した光の強度分布

1つ90度位相がずれた格子からも同じような信号をもらうと,前の格子からの信号に比べて90度ずれているからコサインカーブになる.

ここで,$(\sin\theta)^2 + (\cos\theta)^2 = 1$ という公式を思い出すことにしよう.要するに,両方の信号の2乗の和は絶えず1で,これは円を描くということに他ならない.ここまでくればしめたもので,2つの信号強度をうまく使えば θ,要するに**位相角度**を求めることができる.位相角度とは格子ピッチの基準からどれだけずれたかという量に等しくなるので,結果として1ピッチを分割できることになる.この原理を用い,現在では2000分割ぐらいは平気で電気回路で行われている.

3.10.4 デジタルマイクロメータ

マイクロメータは先に説明したようにねじの応用で,その回転角度を読み取れるようにねじの外側に目盛りをふって移動量を数値化できるようにしたものである.そこで,回転角度を他の手段で読めるようにすれば,より簡単に,かつ正確に測定ができることになる.

回転角度を検出するためには,**ロータリエンコーダ**というセンサが以前より開発され,応用されてきた.原理は円盤の外周に均一なピッチで格子が刻まれ,光を応用して回転角度をオン・オフ信号に変えるものである.その構造を**図 3.45**に示す.このセンサは形も大きく,マイクロメータに組み込むには無理があった.そのため,大型のマイクロメータヘッドの代わりにまず,ロータ

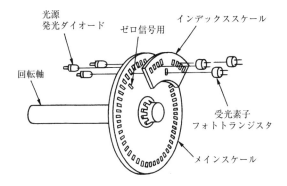

図3.45 ロータリエンコーダの構造

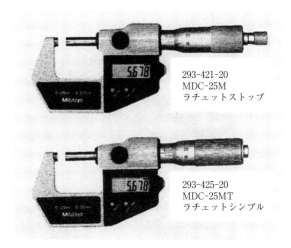

図3.46 デジタルマイクロメータの外観

リエンコーダと，ねじを直結したものが，顕微鏡あるいは投影機の微動ステージに採用されたのである．

その後，どんどんロータリエンコーダの小型化が進み，ついにはマイクロメータのヘッドの中に組み込み可能となった（**図3.46**）．普通の機械式マイクロメータでは，用いられているねじがピッチ0.5mmで，1回転を50等分し

101

て最小目盛りが0.01mmとなっているが，デジタルマイクロメータでは500分割できる検出器を用い，同じピッチのねじで0.001mmと1桁向上している．また，電気の消費量を少なくして小さなボタン型電池で駆動できるよう静電容量を応用した回転角度検出機構となっている．

さて，その精度であるが，エンコーダの分割は現在の技術ではあまり問題がなく，したがって1mmの範囲の中での精度はきわめてすぐれていて最小分解能の範囲の中である．他方，長い範囲では直接ねじのピッチ精度が影響する．現在の実力では25mmの範囲で$3\mu m$程度となっている．

3.10.5 デジタルノギス

同じく現場用測定器の一方の王者にノギスがある．普通の測定（0.1mm程度）では大変便利な道具であるが，副尺（バーニア）で目盛りを読み取る，という原理上の制約から時々読み間違えをする欠点がある．この欠点を克服したのがデジタルノギスである．

ノギスの目盛尺のところにデジタルスケールを張り，移動量を検出して数値化する．原理は簡単であるが問題は安く，小型で，かつ消費電力の少ないデジタルスケールを開発することである．この問題も先ほどのマイクロメータと同様に，**静電容量式スケール**が開発されたことにより解決された．**図3.47**はデジタルノギスの中の構造である．移動するスライダと固定のスケールの間の周期的な静電容量の変化をオン・オフのデジタル信号に変え，その数をカウントして長さに変えている．

デジタル化により0.1mm直読，あるいは0.01mm直読のものが出現してきた．これにより副尺の読み取りミスから完全に開放された．それになにより目が衰えてきた世代の作業者にとって間違えなく，簡単に読めるという大きな贈り物をしてくれたのである．

3.10.6 デジタルダイヤルゲージ

普通のダイヤルゲージでは歯車により変位を拡大していたが，デジタルのダイヤルゲージでは直接変位を物さしで読んでいる．**図3.48**はその中身であ

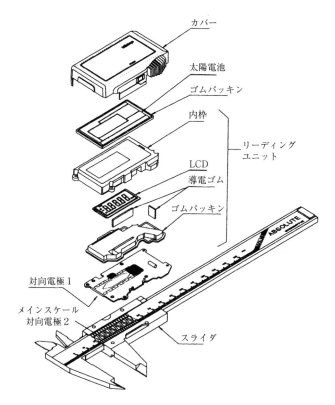

図 3.47　デジタルノギスの構造

る．プランジャを下の方に押し付ける機構は今までの機械式と同じで，ばねにより引っ張っている．デジタルスケールはプランジャに取り付けられ，いっしょに上下動作をする．この移動量を固定された読み取りヘッドが検出する．このように精度は使用している物さしで決まる構造となっている．ただし中に組み込む関係上，あまり大きい変位量を測定できず，1μm 読みでは 12.5mm がフルストロークとなっている．読み誤りもなく，精度も従来の機械式よりよく，さらにデータ出力があることから品質管理も楽となり，急激に普及している．最近は 0.2μm 読みのものも海外で出現している．

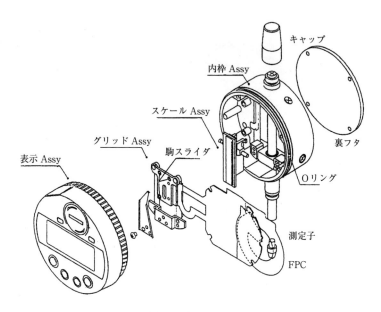

図 3.48　デジタルダイヤルゲージの中身 [15]

3.11　光波干渉とメートルの基準

　現在の長さの基準が光の波長であることは，よく知られている．光は電磁波の一種で，「電気と磁気の波」である．「波である」ということは，周期的にその強さが変化するものであり，その周期あるいは数を数えることにより長さに換算する窓口を開くことができる．

　1983 年から，**1 m** は 1/299,792,458（2 億 9979 万 2458 秒の 1）秒間に光が真空中を走る行程の長さと決められた．

　このように，光を長さの基準とすることを実際に試みたのはマイケルソンである．

　では，**光の干渉**について少し説明しよう．

　シャボン玉に光が当たると虹色になる．ここでは，この 7 色による長さ測定

104

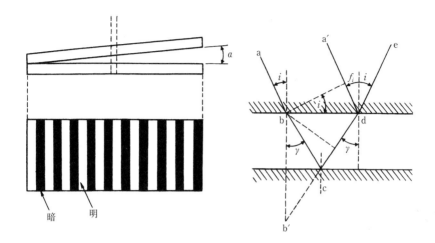

図3.49 光の干渉

について見ていこう．光の屈折と干渉，これがシャボン玉の7色の秘密である．しかし，その原理はなかなかむずかしい．図3.49で，2枚のガラス板をわずかに傾けて，上のほうから光を当てる．光は波の性質をもっているので，2つの波が重なると明るさが強くなったり，弱くなったりする．これが光の「干渉」という現象である．

実際にこの現象がどのように起こるのか，図3.49で考えてみよう．同じ光がaおよびa'に入ったとすると，2本の光の経路abcdeおよびa'deが考えられる．この2本の光の走る長さの差をδとすれば，

$$\delta = \text{bc} + \text{cd} - n \cdot f_d$$

と表すことができる．

ここで，nはガラスの屈折率，f_dはガラス中の長さを空気中の長さに換算した量である．

ガラスの屈折率は，入射角iと投射角rから，

$$n = (\sin r)/(\sin i)$$

となるので，

$$\delta = \text{bd} - n \cdot \text{bd} \cdot \sin i$$

$$= bd - (\sin r)/(\sin i) \cdot bd \cdot \sin i$$
$$= b'd - dg$$
$$= b'g = bb'\cos r$$

となる．

空気層の厚さを t とすれば，
$$bb' = 2t \text{ なので,}$$
$$\delta = 2t\cos r$$

となる．

さて，光は波の性質があるために，密度が変化する物質のなかを通るときに，位相角が π だけ変わる．そこで，2本の光が同位相となる場合に明るくなり，逆位相になる場合は互いに打ち消し合って暗くなる．

その条件は，
$$\delta = (2m+1) \cdot \lambda/2$$
のとき明るくなり，
$$\delta = 2m \cdot \lambda/2$$
のとき暗くなる（$m = 1, 2, 3, \cdots$）．

これが干渉縞が生じる原理である．こうした干渉の研究は，数多くされていたが，光の波長 λ によってこの縞の間隔が一定になり，物差しに使えそうだと気づいたのは，フランスの**フィゾー**（Fizeau 1819～1896）である．

そして，実際にこの干渉を利用して長さを計測したのが，アメリカ人で最初にノーベル賞を受賞した科学者として有名な**マイケルソン**（A. A. Michelson 1852～1931）である．彼は，光の干渉を応用して多くの業績を上げている．実際にメートル原器と光波干渉による長さの測定の比較を行ない，光波干渉の将来性を示した．1892～1893年のことである．現在あるほとんどの干渉光学測定装置は，多かれ少なかれ彼らの恩恵を受けている．

コラム 9

万歩計の目的

最近，健康管理のために，万歩計を体に取り付けて1日の運動量を計る中年が多くなっている．そもそも万歩計は歩数計（ペドメータ）とよばれるものが起源で，歩いた歩数より距離を求める道具であった．これもいわば間接的な物差しの一種であったのである．すでに江戸時代には我が国に入っていたとの記述もある．

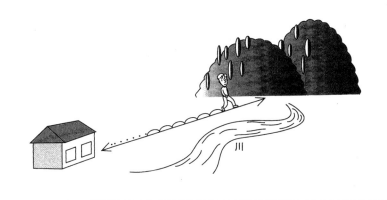

3.12 レーザ干渉測長器

　レーザ測長器は，現在望み得る最も正確な長さ測定器である．レーザは，いまでこそCDプレイヤーのなかにも組み込まれるほど一般的になっているが，その歴史はそれほど古いものではない．

　レーザ光源は，その原理が1958年に発表され，実際のレーザ発振器は1959年に**メイマン**（Maiman）によって作られた．現在，私たちが精密測定によく使う**ヘリウム-ネオン**（**He-Ne**）**ガスレーザ**は，1960年に実現された．そし

てそのすぐれた性質が認められ，あっという間にさまざまな分野で応用されるようになった．測長器もその1つである．

レーザ光線の特徴は，まず第1に強い光であること，第2に単一の安定した波長をもつことである．この2つの特徴は，干渉計にとってはきわめて重要な要素で，光源が強いほど長い距離にわたって良好な干渉縞が得られるからである．さらに波長が単一であれば，長さの計算も正確にできる．

たとえば0.1mWのレーザ光でも，その強度は**クリプトン光源**の1000倍もある．また，波長は$10^8 \sim 10^9$の安定性をもっている．

このように書くと，レーザはいいことづくめのようであるが，実際にはいろいろな問題もある．それらを解決して，実用に耐える測長器を開発したのが，**HP（ヒューレット・パッカード）社**である．

では，HP社のレーザ干渉計が開発される以前，どのよう測定器があったのだろうか．**図3.50**は，最初に市販の測定システムとして世に出たパーキン・エルマー社のレーザ干渉測長器の構成である．1968年ころのことと思われる．

レーザ発振器部分は，温度で反射ミラーの間隔が変化し，波長が変わらないようにヒータで温度調節して制御する．干渉計部分は，普通の**マイケルソン干渉計**である．

また，レーザ光源の出口にある$\lambda/4$板は，反射ミラーから返ってくる光がレーザの発振に悪い影響を与えないようにするためのものである．干渉縞を検出する光電素子の部分にある偏光スクリーンは，ミラーの移動方向を検出するためのシステムである．

こうした基本的な構造は，現在各社で作られている干渉計とほとんど変わらないが，この形式の欠点は，波長の安定性が悪く，また使いにくいものであった．

3.12.1　HP社のレーザ干渉計

では，HP社の機械はどのような構造になっているのだろうか．**図3.51**はその構成である．まず，光源のレーザ発振器が違い，ここでは2周波発振器レーザが使われている．これは，レーザ発振器の2枚のミラーの間に直角に磁

第3章◆長さの計測

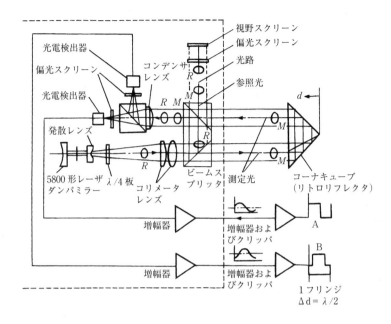

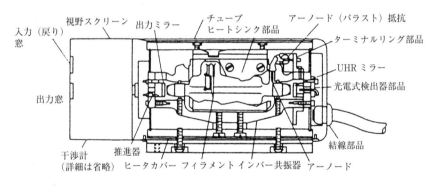

図3.50 パーキンエルマーのレーザ干渉測長器

界をかけると、発振波長が2つに分かれるという原理（**ゼーマン効果**）を利用する．

このようにして分けられた2つの波長の光のうち，f_2 だけを固定反射コーナキューブに送り，f_1 だけを移動コーナキューブに送る．こうして，両者をビー

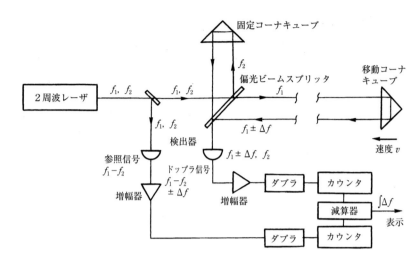

図 3.51 HP のレーザ干渉計の構成

ムスプリッタで加算すると，2つの波長のビートが得られる．

このビート信号は，さらに移動コーナキューブの移動速度によってドプラー変調を受け，その結果ビート周波数は，

$$(f_1 - f_2) \Delta f$$

この結果から参照信号の $(f_1 - f_2)$ を差し引けば，

$$\Delta f = 2 v f_1 / c \quad (c：光の速度)$$

が得られる．

このとき，距離 d を時間 t で動いたとすると，干渉縞の観測数は，

$$2 v t f_1 / c = 2 d / \lambda_1$$

となり，先の Δf を時間で積分した結果に等しくなる．

この2周波数レーザ干渉計の特徴は，2つの波長の差だけを使うので，元の波長がふらついていてもその影響を受けず，安定した測定結果が得られることである．

この方式が1970年に発表されて以来，急激に普及し，いまや全世界のほとんどがこのHP社の干渉計を使うほどまでになった．

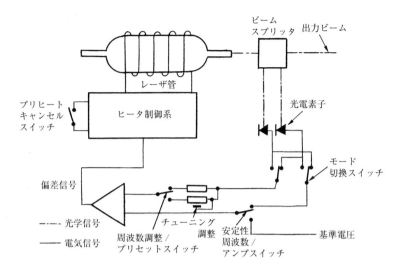

図 3.52 レニショーのレーザチューブ[16]

3.12.2 レニショーのレーザ干渉計

HP社のレーザシステムと並んで世界中に普及している代表的なレーザに，**レニショー社**（イギリス）のものがある．このレーザは1つの周波数のみを用いている．簡単にその原理を説明しよう．

まず発信器である．**図 3.52**はレーザのチューブとその波長の制御システムがどのようになっているかを示している．He-Neのガスが封入されたチューブの外周にはヒータコイルが巻かれている．ヒータに電流を通すとチューブが暖められる．するとチューブの全長が長くなり，チューブの中の共振周波数が低くなる．したがって，うまく制御すると一定周波数で発振させることができる．問題はどのようにして一定周波数に保つか，ということである．1つの方法は周波数を測定して目標より外れたら信号を出す方法であるが，なにせ10の−8乗の桁で波長を安定化させなければならない（大体4 MHzに相当）のでなかなかむずかしい．

そこでこの装置では2つの偏光された光を利用し，その両方の強度が同一と

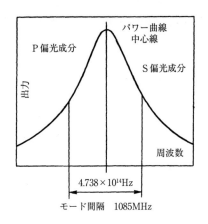

図 3.53 レーザ発振の強度分布と制御 [16]

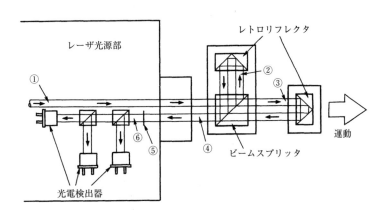

図 3.54 レニショー社レーザの構造 [16]

なるような原理で制御を行っている．**図 3.53** は発振しているレーザ光の強度分布を説明している．

　左がP波に偏光された光，右にS波を描いている．その両者の状態（モード）の周波数の間隔は1085MHzであるが，図でわかるようにわずかの強度の差が周波数に関係する．この両方の強さの差を検出するのは比較的簡単で，両者の光を光電変換素子で受けて，その出力電圧を比較してあげればよい．

112

その実際の原理が図3.50の中の回路である．こうして原理を用いて波長を一定に保っている．
　次は距離の測定方法である．2周波数法と異なり，少々工夫が必要である．その構造が**図3.54**である．①が発信器からのレーザ光，②が固定反射鏡，③が距離を計るときの移動反射鏡，④が戻ってきた光，⑤が光の波長を1/4だけずらす波長板（$\pi/2$だけの位相差を作る，これにより$\lambda/4$板の光軸と45度の線に偏光面が平行に入射した直線偏光は円偏光に変わる），そして⑥がその波長板によって偏光された光である．では実際の働きを説明しよう．
　レーザからの光は固定反射鏡②で反射され，同時に③の移動反射鏡でも反射される．この2つの光線はビームスプリッタで合成され，ここで干渉が起こる．干渉による明暗の仕組みは他の干渉と同じだ．③の移動反射鏡の動きによって生じる明暗は④の帰りのビームで見ることができる．この明暗を光電素子で検出するのであるが，1個の素子だけでは明暗はわかるが，③の移動方向はわからない．ところが3個検出素子を置き，90度ずつ位相がずれて検出できるようにすると，移動方向により3個の素子の検出する明暗の順番が変わる．
　その順番を調べることによって移動方向がわかる．これだけなら2個の素子だけでよい．3個ある理由は，移動量によって生じる明暗を分割して，より高い分解能を得るためなのだ．
　普通光の干渉による明暗は，その光の波長の半分ごとにできる．He—Neレーザでは波長が大体632nmなので300nmごとの値になる．これでは分解能が不足なのでさらに細かくする必要がある．これが内挿と呼ばれる．この図の例では3個の素子を用いて明暗の位相角度を求め，それによって細かい値を出している．
　レーザ測長器は用いる光学系を変えることにより，いろいろな測定に応用できる．変位，長さ測定だけでなく，速度，加速度の測定，2つのビームを用いた角度の測定など，きわめて応用範囲が広い．

3.13 他の変位計測機器

　これから紹介するいくつかの計測方法は，すでに多くのセンサ技術関係の書籍に紹介されいるので，ここでは簡単に述べよう．

3.13.1 超音波による変位量の計測

　超音波は普通の音波に比べて波長が短い音波である．通常100kHzとか200kHz，AEなどではMNz帯域の超音波を用いる．このように波長が短いと，音波を出して帰ってくるまでの時間を測定すると距離を求めることができる．いわばコウモリと同じで，パルス状の音を出し，その音が品物にぶつかって返ってくるまでの時間で測るのであるが，これではあまり細かい距離を測ることはできない．たとえば100kHzの周波数であると，光の速度は大体秒速340m，したがって1波長は，340/100000(m) = 3.4mmであるから，波1つずつを計る方法では精度が出ないことになる．そこで一般には位相を測定する．もしも1度の位相が測定できれば3.4/360mm，大体0.01mmぐらいの分解能を得ることができる．実際には正確に位相差1度を測定するのは難しいため，もっと高い周波数の音波を用いるか，繰り返し測定して平均値から信頼性を高めた値を出している．

　超音波の変位測定，あるいは距離測定のよい点は見えない場所での測定ができることで，たとえば2枚の板の接触状況の測定などができる．また水面の高さの測定が可能で，電気を使用しないことからガソリン，揮発油など爆発の可能性のある液体のタンク内部の水面高さ測定に用いられる（**図3.55**）．

3.13.2 静電気による変位量の計測

　静電気による変位測定はきわめてわずかな変位（10nmから1nm台）の測定によく用いられている．**図3.56**のように2枚の板を置き，その間に電圧をかけると，この2枚の板の間の**静電容量** C（F）は板面積を S（m²），板の隙間を d（m），2枚の板の間の誘電率を ε とすれば，

第3章◆長さの計測

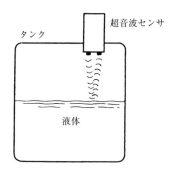

図3.55　超音波による液面高さの測定

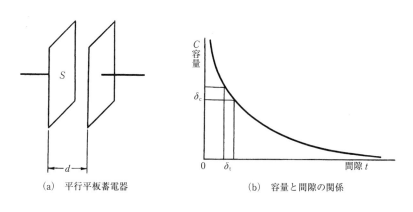

(a)　平行平板蓄電器　　　　(b)　容量と間隙の関係

図3.56　静電容量による変位測定の原理

$$C = \varepsilon \cdot S/d$$

となる．この式は間隔が小さくなれば静電容量は増加し，また板面積も大きくなれば増加することを示している．したがって電極面積が一定なら静電容量は距離に反比例することになる．これが静電容量式センサの原理である．ただし式でわかるようにその変化は比例的ではない．また誘電率が変わると値が変わる．具体的には湿度が変化すると誘電率が変化する．静電容量式の変位計では湿気が大敵である．

3.13.3 光による変位量の計測

 光応用の変位量の測定には多数あるが，ここでは光を用いた変わった測定法を3つほど取り上げよう．

a) 光切断による直径測定器

 昼間，外で太陽の光を受け，体の影をみると，地面に近いところでは影の大きさはほとんどそのもとの体の大きさに等しいことがわかる．すなわち平行光線を品物に当てたとき，その影の大きさは品物に等しい，ということになる．これを応用して細い線の直径を測定する機械が開発されている．具体的な装置には2種類ある．図3.57 はその1つの原理図である．図の左にあるのは回転プリズム（ポリゴンミラー）で，このプリズムが回転することにより光が焦点レンズ上を走査する．したがって細いビームが平行光線となって出ていく．品物で遮られた光はまた集光レンズで集められ，光電素子によって受光される．すると品物が遮っている間は出力ゼロ，品物のないところでは出力あり，となる．このとき回転プリズムの回転角度に同期した信号をもらえば品物が遮っている時間がわかり，プリズムの回転速度よりその間の走査距離もわかる．したがって直径値がわかる，という仕掛けである．もう1つの方法は最近ふえている受光側に CCD アレイを用いる形式である．

b) 光透過によるすきま測定（レールと車輪の接触測定）

 ここ最近世の中を驚かせた事件の1つに，電車の脱線転覆事故がある．この事故原因究明に興味深い測定が行なわれた．図3.58 はその原理であるが，レールと車輪が接しているところに接触部分の斜め方向から強い光を当てる．そして車輪に対して光源と反対側に TV カメラ（CCD カメラ）を設置する．この状態で事故のあった区間を運転させる．

 いろいろな速度，荷重状態で運転試験を行なった結果，ある条件で車輪が浮きあがっていることが判明した．ではどうやって調べたかというと，レールと車輪が接触していると光はもれない．しかし車輪が少しでも浮くと，そのわずかのすきまより光がもれる．このもれる量を調べれば車輪がどれだけ浮いたか

第3章◆長さの計測

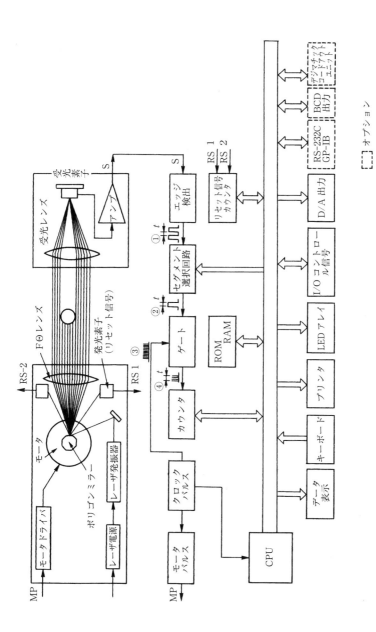

図3.57 光切断による直径測定方法[17]

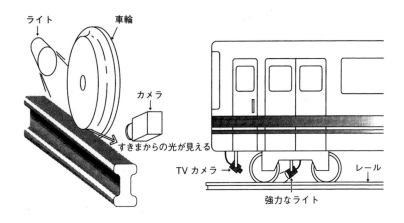

図 3.58 レールの浮き上がりの測定

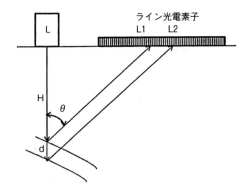

図 3.59 三角測量式変位センサの原理

がわかる，という仕掛けである．電気の接触抵抗とかいろいろな方法が考えられるが，光というのはもっとも簡単かつ，わかりやすい方法である．

　昔からわずかの量を調べる方法に「**すき見**」というやり方がある．2つのものを合わせ，強い光の方に向けると，すきまから光がもれる．このもれの量から合わせ状態を知る方法である．一方が基準となるまっすぐな板，他方が曲がりを調べたい棒であれば，この方法で測ることができる．

c) 三角測量式変位センサの原理

昔から土地の測量の基本はというと，三角測量法が用いられている．いまでも GPS などを用いていても考え方は同じである．この原理を非常に小さい変位の測定に応用したセンサが非接触変位計として市販されている．**図 3.59** はその原理である．

光源 L から H はなれた測定する表面に光を投射する．そしてその反射光が到達する場所を L1 とする．そこで d 遠い位置へ表面が動いたとすると反射した光の到達位置は L2 となる．光が到達するところにラインセンサあるいは二次元 CCD という光電素子を置けば，L1 と L2 の間の距離が測定できる．あらかじめ θ が決定できれば，d を求めることができる．

このようなセンサは安価にできるので，多くのメーカーより提供されている．また比較的 H の長さを大きくとることもできるので，応用範囲は広い．

第4章
形状の計測

日ごろ，いろいろな物の形を表現するのに「丸い」「四角い」「ざらざらした」あるいは「すべすべした」という言葉を用いることがある．これらの表現の相手を形状と一般にいう．形状とは，粗さ，うねり，丸さ，真っ直ぐさ，その他の形の確かさをいうが，粗さ，うねりは実は確かさ，という意味では表現するのに無理がある．真っ直ぐあるいは真丸というのは，理想的な形状を示すことが可能である（数学的のみであるが）．ところがうねりは真っ直ぐさから外れている形の表現で，理想的なうねりというのはない．あるのはうねりのない（すなわち真っ直ぐ）形のみである．同様に粗さも同じで，唯一粗さなし，の世界のみ，きちんと表現できることになる．

4.1 形の測定技術

　形状とは，**粗さ**，**うねり**，丸さ，まっすぐさ，その他の形の確かさをいうが，粗さ，うねりは実は確かさ，という意味では表現するのに無理がある．まっすぐあるいは真丸というのは理想的な形状を示すことが可能である（数学的のみであるが）．ところがうねりはまっすぐさから外れている形の表現で理想的なうねりというのはない．あるのはうねりのない（すなわちまっすぐな）形のみである．同様に粗さも同じで，唯一粗さなしの世界のみ，きちんと表現できることになる．

　さて，我々が普段見るもの，触るものには，みな形があり，その形の度合を数字で表わす必要が生じてくる．そのいくつかをあげると，

・まっすぐさ

・丸さ

・角度の正しさ

・表面の滑らかさ

である．

　さらに，表面の滑らかさには大きな長さにわたるうねりと，細かい範囲のデコボコである粗さがある．これらの形を表す表現と，寸法のあいだにはあまり

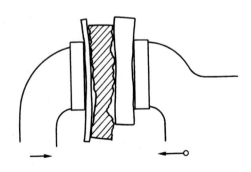

図 4.1　荷重による接触面の変化

はっきりした境目はない．そのもの（品物）の使い方によって，考えに入れるか入れないかが決まる．

たとえば，四角い形をした鉄のブロックを考えよう．このブロックを2枚の鉄板で挟み，ねじで締めつけるとする．このとき相手の板がまっ平らであると，ブロック表面が反っていれば隙間ができてうまく固定できない．場合によっては傾いてしまう．鉄板が反っていればますます固定はむずかしく，隙間だらけとなる．またねじで締めるとき，表面がざらざらだと，一度ねじを締めるとざらざらの山がつぶれ，ブロックの寸法が変わってしまう（**図 4.1**）．

このように用途と形，寸法の確かさをはっきり理解してから測定をする必要がある．さもないと，意味のない測定結果が，いっぱい目の前に積まれることになる．

4.2 真円度の測り方

正確に丸い形に加工しようとすると，意外にむずかしい．たとえば，旋盤を使って丸棒を削ってみよう．それが長いとさらにむずかしく，なかなか丸くは削れない．

さて，丸く削った品物の丸さ加減をどのように評価，測定したらよいのだろうか．それが**真円度測定**である．

丸く加工された品物の真円度を測る方法はいろいろある．その代表的な原理が**図 4.2**である．まず，(a) はマイクロメータのような直径測定器を用いる方法で，挟む場所を回すと直径偏差を測定できる（**直径法**）．

いま，真円度を仮想の円からの実際の形状の隔たりの量と定義すると，直径の最大差の 1/2 が真円度になる．この方法でも，かなりの品物の測定が可能である．

ここで，(b) のような形を考えてみよう．このような形は，センタレス研削盤の加工物によく見られ，この形状ではどの位置（角度）でも直径値は同じで，直径を測定しただけでは形状誤差を検出することは不可能である．

(c) を見てみよう．図のようにVブロックを用意し，そこに測定物を載せて

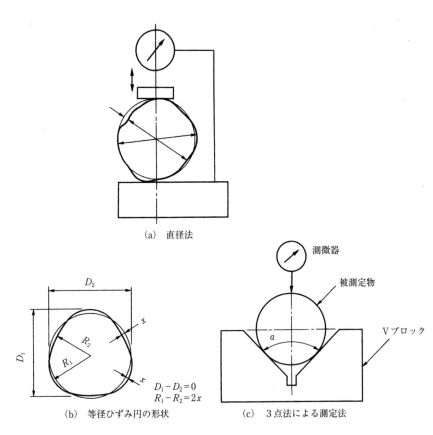

図 4.2 真円度の測定方法

Vの中心線上にダイヤルゲージをセットし,測定物を静かに回す.すると,おむすび形の品物でも大きく上下に変化して検出できる.これが**3点法**の原理である.

しかし,この方法にも限界があり,品物の形状によっては正確な直径変化が検出できず,その度合はVの角度と大きな関係があることがわかる.

そこで,より直接的な測定方法はないものかと考えると,それが**図 4.3**で,「**半径法**」と呼ばれる測定方法である.この方法は,測定物の精度に比較してきわめて高い回転精度をもつ軸を用意し,その回転を利用して真円度を測定す

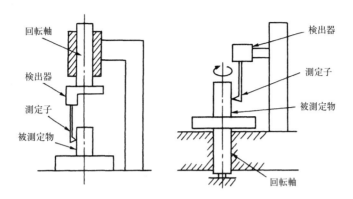

図4.3 半径法による真円度の測定

るものである．

　では，誤差の少ない回転軸をどのようにして作ったらよいのか．また，その回転軸の回転と測定物の丸さとの差を，どのように検出したらよいのだろうか．これらの問題をすべて解決して作られたのが，**真円度測定器**である．

　世界で最初に商品として発売されたのが，**「タリロンド」**である．タリロンドといえば，真円度測定器の原器ともいうべき測定器であるが，その登場にはまだしばらく時間がかかり，開発されたのは1949年，そして一般に市販され始めたのは1954年のことだった．設計者はリーズン博士で，彼はタリサーフ粗さ計を開発したすぐれた技術者である．

　図4.4は，最初のタリロンド（テーラー・ホブソン）である．測定物は，X，Y，Z方向に移動可能なステージ上に固定され，コラムに付いた回転軸と測定物の軸がほぼ同一になるように調整される．さらに細かい軸心調節は，回転軸そのものをわずかに動かすことで行なう．

　真円度誤差は，回転軸に取り付けた差動トランスで検出する．この検出器は，直径方向に微動できるように工夫され，さらに微小位置調整のためのモータ微動装置が組み込まれている．

　図4.5は，精度の要（かなめ）である回転主軸の内部構造である．下側にはガラス製の半球軸受があり，上にはスリーブ外周と回転軸の同軸性を保つための調整ラジ

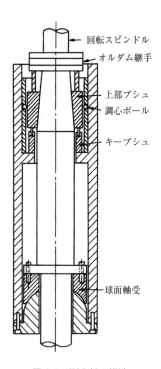

図 4.4 最初のタリロンド真円度測定器   図 4.5 測定軸の構造

アル軸受,さらにその上に駆動軸とそのカップリングがある.

同軸精度は,主として下の半球軸受で決められ,そのためにガラスを使う.**テーラー・ホブソン社**は,最初はレンズメーカーだったために,ガラスの加工は得意であった.

軸受には,ごく薄い油を用いている.この油は特殊な配合で作られ,酸化による劣化を防ぐために約 2 cc ずつガラスの容器に密閉されていた.そして,使用するときに注射器で軸受に注入したのである.軸受の隙間は,わずか 0.5μm といわれている.

この軸受の回転精度はきわめて高く,0.1μm 以下の振れが保証され,電気系統はほとんどタリサーフ粗さ計と同じで,最高倍率は 1 万倍であった.

このようにきわめて完成度の高い設計で,開発後 20 年以上も真円度測定器

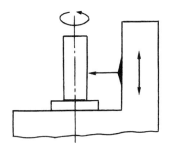

図 4.6 円筒度の測定

の王座を維持し，現在も当時の形のまま現役で働いているのを見ることができる．

　真円度測定には，測定の検出ユニットを回転させるタイプと，計る品物を回転させるタイプの2種がある．また最近は，変位の検出部分に非接触の変位計を使用しているものとか，軸方向に移動できる機構を追加して**円筒度**（円筒の形の正しさ，したがって，直径値，真円度，軸の曲がりなど，すべての形の確かさが要求される）（**図4.6**）の測定を可能としたもの，大きな直径差も測定できるよう径方向にデジタルスケールを入れたもの，さらには回転テーブルにエンコーダを取り付け，円周方向の角度情報をより正確に求められるようにしたものなど，種々のものが開発されている．

　では，究極の丸さを評価するにはどのようにしたらよいだろうか．これには2つの方法がある．1つは測定器の誤差を予め求めておいて，その値を測定値からさし引く方法，もう1つは基準の軸を用いず，3本の検出器を使って計測から求める方法である．いずれも数nmのレベルまで評価が可能となっている．

コラム 10

卵を真円度測定機ではかる

卵はソコソコ丸い．コラム6でノギスで直径を測ることを紹介した．その結果では直径差は0.1から0.2mmであった．ではその真円度は？というと，測った結果を見たことがない．そこでやってみた．図はいくつかの卵の中央部分の真円度を測った結果の例であり，真円度は左では118μmと出ている．その形は楕円より三角形に近い．一方右側のものは320μmとかなり大きく，形も楕円である．この結果から見ると，卵の形状は楕円が基本であるが，細かいところに一般則はないのかもしれない．

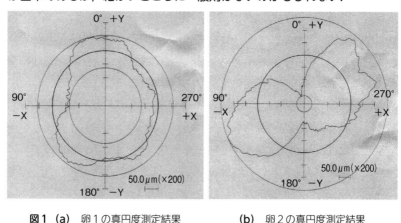

図1 (a) 卵1の真円度測定結果　　(b) 卵2の真円度測定結果

4.3　粗さの測り方
——粗さの測定器

表面粗さとは，品物の表面のデコボコの度合いを表す言葉である．この"デコボコ"というところが肝心で，表面のまっすぐさとか，寸法とかとは違うものである．**図4.7**は粗さに関係しているうねり，寸法の関係を示したものであ

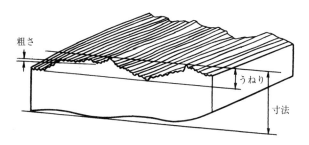

図 4.7 粗さ，うねりと寸法

る．この図でわかるように，非常に狭い範囲で品物の表面の形がどのようになっているかを示すのが粗さである．

次はその表現方法，すなわちどのように数値化して表現するか，という方法論である．デコボコのもっとも高い山と低い谷の間の距離（高低差）で表わす方法，平均的なデコボコさを表わす方法，実際に品物同士を押し付けたときに影響の大きそうな形を表わす方法など，いろいろな表現方法がある．さらには 1 mm の範囲でどのくらいデコボコに周期性があるかとか，逆に周期何 mm のピッチでデコボコがある，とかの表現方法がある．

これらの表現方法は，粗さの使い道によって変わる．

実際の粗さの測定には表面粗さ計という測定器を用いる．そのほとんどが**針**（これを**触針**という）を備えていて品物の表面をなぞり，その上下動作を拡大して測定値とするものである．最近は光を用いて非接触で表面をなぞるものも出現している．また光学的に面の形全体を 3 次元的に表現できるものもある．

4.3.1 触針式粗さ計

今日使われている粗さ計のほとんどは，検出器に差動トランスを用いているが，現在最もポピュラーな粗さ計の1つである**「タリサーフ」**は，ドイツの**「ペルテン」**とともに最初にこの差動トランスを応用したことで知られている．さらにタリサーフは，測定器としてもきわめて完成された姿をもっていたことでも有名だった．ここでは粗さ計のしくみの説明のサンプルとして，初期

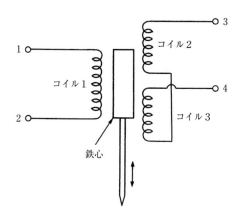

図 4.8　粗さ計に用いられる差動トランス

のタリサーフを取り上げて説明しよう．

　図 4.8 は，**差動トランス**の原理である．コイルが3組あり，そのうち2組が極性を逆にして接続されている．コイル1に交流電流を与えると，真ん中の鉄心は交流周波数で磁化される．つまり，磁石になったりその磁気が消されたりする．

　すると，反対側のコイル2，コイル3には，その周期に応じて電気が発生する．しかし，2つのコイルは逆向きに接続されているので，ちょうど鉄心が2つのコイルの真ん中にあるときに，互いの電圧を打ち消して出力が0になる．2つのコイルの合成出力は鉄心の位置に比例したものになり，これを利用すると変位が検出できる．これが差動トランスの原理である．

　タリサーフでは，この鉄心の先に鋭いダイヤモンド製の針を取り付けて粗さ計としたが，測定力を下げるためにカンチレバーを設けて，その後方に差動トランスを付けた．

　それは，先端半径は数 μm と微小で，針にわずかでも荷重をかけるとその圧力は膨大になり，測定する表面が破壊される恐れがあるためである．

　このカンチレバー部分の軸受は，ナイフエッジと板ばねを使用した．0.1μm 以下の変位を正確に伝える機構はなかなかむずかしい．**図 4.9** は，後に開発され

第4章◆形状の計測

図4.9　触針部分の拡大

た3型の触針部分を拡大したもので，細かい細工が狭いスペースにうまく収められているのがよくわかる．

図4.10は，1937年に最初に開発された試作機である．この測定器はR・

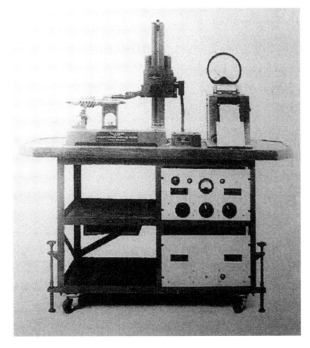

図4.10　最初に開発されたタリサーフ

E・リーズンが開発した．リーズンは，タリサーフだけでなくタリロンド，タリステップなどを開発した有名な測定器開発者である．

彼は，晩年までテーラー・ホブソン社に勤め，引退後も顧問として残った．温厚な紳士でオーディオマニアでもあり，会うたびに趣味のオーディオの話をしたことを思い出す．

図4.10を見ると，大きなメータが目につく．これは，**平均粗さ**の値を初めて表示させたものである．当時から，粗さの値を表現するのに**ピーク値**を用いるかrms（**実効値**：root mean square）値を用いるか，いろいろ研究されてはいたが，正しく平均値を表示できる粗さ測定器はなかったのである．

また，当時の主流は光学式で，その最高倍率も4000倍程度と研削加工面の評価には不十分だったが，この機械によって4万倍にも拡大できたのである．

こうした数々の特徴をもつ測定器だったが，その市販1号機の「タリサーフ1」は1941年に発表され，その後各種の改良機が発表されている．

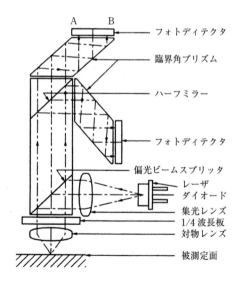

図4.11 光式非接触粗さ計のピックアップの例

4.3.2 非接触表面粗さ測定

　最近急激に普及しているものに光を応用した粗さ計がある．これには2通りの形式があり，1つは光プローブを用いて表面をなぞるもの，もう1つは光波干渉を用いて表面全体を面として一度に測定するものである．**図4.11**は，その中の1つで細い光のプローブで表面をなぞる形式のもののセンサ部分の構造である．こうしたプローブでわずかな上下の寸法変化を検出し，品物をX，Y方向に走査すれば3次元的な計測ができる．**図4.12**はそのサンプルで，米国

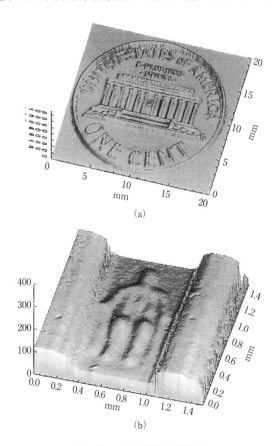

図4.12　3次元粗さの測定例

の1セント銅貨の表面の測定データである．建物の中にリンカーンがいるのがわかる．

　直接的な粗さの断面曲線を測定するのではなく，面としての表面特性を調べる方法もある．その代表的な方法が光応用である．レーザ光線のようなきわめてきれいな（コヒーレンシイが高い，という）光を機械加工面のようなざらざらの面にあて，その反射光をスクリーンに投影すると，そこにいろいろな模様が現れる．この模様は表面のざらざらの癖で大きく変化する．

　まったく傷のない鏡のようなきれいな表面を反射した光は点になるが，一方向に傷のあるような面からは筋のような反射光が得られる．こうした性質を応用した表面計測器はきわめて高速な計測ができる利点がある．

4.4　真直度の測り方

4.4.1　真直度とは

真直度とは，形のまっすぐさを表す言葉だ．まず最初に考えるのは糸の応用

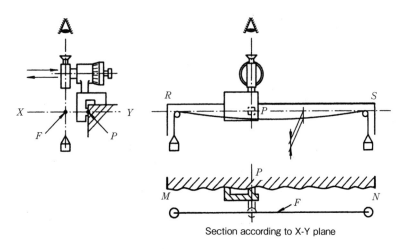

図4.13　鋼線によるベッド真直度の測定[18)]

である．たしかに昔の工作機械のベッドの測定方法の1つとして糸（実際には鋼の線）を用いる方法が示されていた（**図4.13**）．これはピンと張ったワイヤを基準とし，移動テーブルに読み取り顕微鏡を載せ，テーブルを動かしつつワイヤが視野の中心からどれだけずれたかを測定する方法である．ただしこの方法は水平方向では問題ないが，垂直方向では自重でたるむため，その補正が必要である．

　光線の直線性利用　次なる方法は光線基準である．光はまっすぐに進むことで知られている．そこで光線の中心位置を検出する方法を工夫すればよい．検出器を測りたい品物に沿わせて動かし，その時の信号を処理する．この方法はいっぺんに，X，Yの2方向の測定ができ，アライメントレーザという名で市販されている．

　3番目の方法は水面基準である．**平面度**と同様に水面を基準とする．考えてみれば真の平面とは，どの断面をとってもまっすぐな面であるから，まっすぐな線の基準は平面があればよいことになる．これにも光学的な方法で，干渉縞を発生させて測定する方法，あるいは水面に非接触変位計をあて，水面基準で

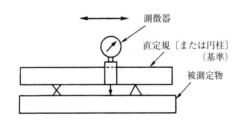

図4.14　平面基準による測定（1）

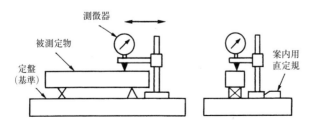

図4.15　平面基準による測定（2）

動かして品物と比較する方法などがある．

　上記の方法はかなり厄介なうえ，精度を上げようとすると大変な苦労が要求される．そこで一般的に実用化された方法としては，機械的な部品を基準とする方法である．これにもいくつかの方法があるが，代表的な二例を説明しよう．

　図4.14は基準となる面を用意し，そこを倣って移動する台があり，その台に固定された変位計が測定する品物の狂いを測定する．まったく同様な考えでは定盤を基準としてダイヤルゲージスタンドを滑らせる方法（**図4.15**）がある．これらの方法では基準となる面，あるいは台以上の精度で測定するには**器差補正**という工夫が必要である．

　これは測定の再現性がよいことが前提であるが，どの測定位置ではどれだけ測定器が狂っているかということを予め別の方法で求めておき，コンピュータなどで補正する方法である．その考え方を**図4.16**に示す．

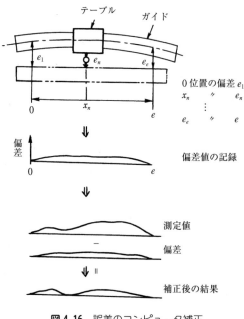

図4.16　誤差のコンピュータ補正

第 4 章 ◆ 形状の計測

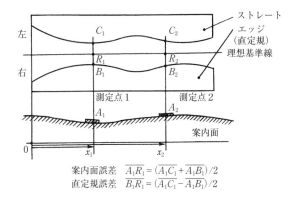

案内面誤差 $\overline{A_1R_1} = (\overline{A_1C_1} + \overline{A_1B_1})/2$
直定規誤差 $\overline{B_1R_1} = (\overline{A_1C_1} - \overline{A_1B_1})/2$

図 4.17 反転法の原理

コラム 11

誰でもできる平面基準

　どこの家にでもあり，誰でもが作れる平面基準は？　と聞かれたら答えに出てくるのが水面である．水面は地球の引力のために完全な平面ではなく，厳密にはある半径をもった球面の一部である．しかしながら我々が扱う範囲では十分に平ら，といってよい．問題はどのようにしてこの水面を実際の応用に役立てるか？　ということである．これが意外と難しい．

　洗面器に水を溜めてみる．すると外部の振動で絶えず小波が立っているのがわかる．そこで座布団を用意し，その上に置く，だいぶよくなるがまだ駄目である．最後には空気の流れでも水面に小波ができることがわかる．次なる手段は水の代わりに油を使う．これなら何とか安定した油面ができる．

　さて，次はこの面を基準として他にその値を移す（応用する）方法である．よい方法はありますか？

第3の方法は**反転法**と呼ばれる方法である．この方法は基準の狂いをキャンセルさせる原理であるが，前提として測定操作の再現性がよいことがある．**図4.17**はその原理である．いま基準の狂いが図のようにあったとすると，その基準を用いて右側で測定した場合，得られた測定値は基準の狂いと，測定物の狂いの和として現れる．次に測定物を基準の左側において測定をする．するとこの時に得られた測定値は基準の狂いの値を反転したものと，測定物の狂いを加算したものとして計測される．そこでこの2つの測定結果を加算して2で割れば測定物の狂いが，引いて2で割れば基準の狂いが，おのおの求められる．これが反転法の原理である．

　この原理は他の測定にも応用可能で，たとえば角度測定，真円度測定にも応用されている．

4.4.2 レーザによる測定

　最近普及している真直度測定方法にレーザ干渉計を用いた方法がある．レーザ干渉測長器は光線の進む方向の長さの変化を検出する測定機であるから，光線の軸方向と直角の方向の動きをそのままでは測定できない．そこで直角方向の変位が軸方向の変位に変わるような工夫が必要となる．

　図4.18はその原理図である．レーザの光源から出力された2つの周波数 f_1, f_2 をもつレーザ光を**ウォラストンプリズム**干渉器という特殊な光学素子に通す．すると角度 θ だけ離れた2つの成分に分かれる．この2つの光線をその光線の軸に対して直角となるよう設計した2枚の鏡からなる変位ユニットにあてる．そこで f_1, f_2 は反射されて再びウォラストンプリズムで合成される．このとき反射鏡が図の上下方向に動くとその動きに応じてプリズムから反

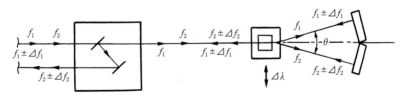

図4.18　レーザによる測定方法の原理（HP）

射鏡までの光路の長さが変わる．たとえば上に動くと見かけ上鏡は遠くなり，上側の光路長さは長くなり，反対に下側は短くなる．この差を測定すると軸に対して直角な方向の変位を測定することができる．

　この方法はきわめてわずかな変位の量を計算するためにレーザビームのふらつきに敏感である．したがって，機械的な基準を用いた測定結果に比較すれば信頼性が少々劣る，という問題をもっている．

4.5　角度の測定

　角度とは2つの直線の間のなす相対的な位置関係のことである．ぐるっと回れば360度で元に戻る．直線と異なり，円が360度というのはなかなかに便利である．いくつかの角を加算しても最後は必ず1周で，和は360度なのだから．1度は60等分され1分という．またその1分も60等分されて**1秒（角）**という．したがって，全周は $60 \times 60 \times 360 = 1,296,000$ 秒である．なお，**ラジアン**でいえば1秒は $2\,\mu\mathrm{rad}$ である．

　微少な角度になると直線変位で作ることができる．たとえば，1秒は

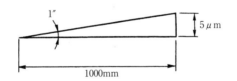

図4.19　角度と勾配

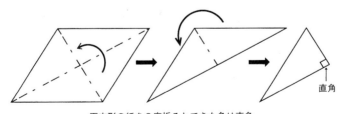

正方形の紙を2度折るとできた角は直角

図4.20　直角の作り方

200mmの長さで$1\mu m$変化する量に相当する．すなわち1mで$5\mu m$である（**図4.19**）．したがって，このようなわずかな角度は簡単に作ることができる．であるから，精度の高い水準器の校正は自分でやろうと思えば可能である．

4.5.1 直角の測定

　角度の測定の基本は直角である．最も簡単な直角の作り方は正方形の紙を用意し，対角線上に2度折り曲げればできる（**図4.20**）．この方法で得られる直角の確からしさは0.2度程度であった．これもクッキングフォイルのように薄くて厚みが正確，かつエッジがきちんとでる材質のものを用いればもっと正確になるかもしれない．

　実際に我々が機械現場で使う**直角定規**はみな機械加工により作られるか，あるいは仕上げに手でラップ作業されたものである．ではその直角を調べる方法は？　というと，これは簡単である．まず平らな定盤を用意する．その上に2つの直角定規を向かい合せに置く（**図4.21**）．すると，もしも両方とも正確な直角であればピタッと接するはずである．狂っていればすきまが見える．では1個で測定する方法はどうだろうか．

　図4.22のように，ダイヤルゲージを取り付けたスタンドあるいは治具を準備する．まず直角定規の右側からあてて上下2個の読みをゼロにあわせる．次に左側が当たるよう直角定規を反転させる（図の点線）．そして先ほどのスタンドを今度は反対側からあててそのまま上下の読みの差を求める．もしも直角が正確であれば反転しても値は同じでゼロ，角度が狂っていれば2倍の値が出てくるはずである．角度の狂いを数値化したければ，2つのダイヤルゲージの距離と読みの差から角度の狂いを計算すればよい．

　また，市販されている直角度検査器例を**図4.23**に示しておく．

4.5.2 任意の角度の測定

　もっとも手軽な方法は，市販のロータリエンコーダを用いる方法である．最近は分解能1秒のものも容易に入手可能である．このロータリエンコーダを回転テーブルの下に取り付ける（**図4.24**）．この時回転テーブルの回転精度は十

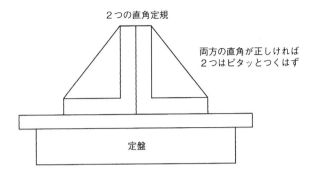

図 4.21 直角の検査（1）

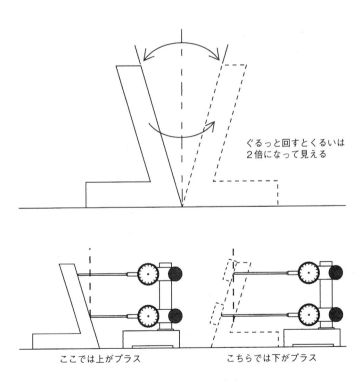

図 4.22 直角の検査（2）

図 4.23 直角検査装置 [19]

エアベアリング

エンコーダ
ディスク

エンコーダ
本体

図 4.24 回転テーブルとエンコーダ [20]

第4章◆形状の計測

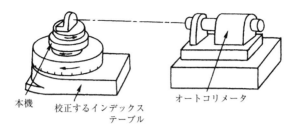

図4.25 コリメータとインデックステーブルによる角度検査[21]

分によくしておく必要がある．何しろ1秒という角度は200mmの長さに対して1μm変位する値と同じであるからだ．テーブルの上に計る品物を載せる．次の問題は計る品物のどこの位置を測定するのかを決める手段である．鏡面であれば**コリメータ**という光学式の角度検出装置で面の位置を決め，その位置での回転角度を記録する（**図4.25**）．

次にテーブルを回転させて次の面の付近に置き，コリメータの検出値が先ほどと同じ値になるようわずかにテーブルを回転させる．そして同じになったときの回転角度の値と，先ほどの値との差が求める2つの面の間の角度となる．

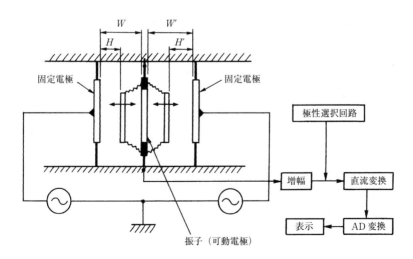

図4.26 電気水準器の構造[22]

143

同様の方法としてコリメータの代わりに顕微鏡を用いる方法，電気マイクロメータをセンサとして用いる方法などがある．

わずかな角度の測定には**電気水準器**も使われる．電気水準器は傾きの量を差動トランス，あるいは静電容量式のセンサで検出する．**図 4.26** は，静電容量式の検出機構の原理図である．振り子の傾きを検出する，と思えばよい．電気水準器は大体 0.2 秒程度の感度をもつものが多く，平面測定，真直度測定などに応用されている．

4.6 その他の形の測り方

飛行機の翼のカーブとか，自動車のボディのカーブ，これはどのように測るのだろうか．こうした滑らかな曲線を**自由曲線**という．円，直線以外だから自由というのかもしれない．この測定は表面を細かく分けて，1 点ずつ測定し，何万という測定結果から滑らかな面を計算する．そしてもともとの設計値と比較をするのである．ではその何万という点の測定はというと，自動車などでは

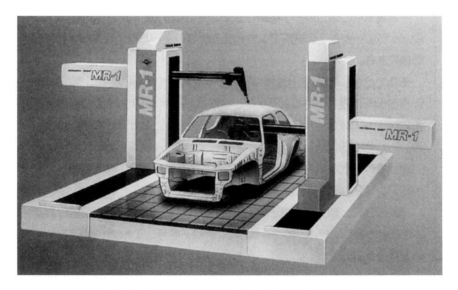

図 4.27　大型 3 次元測定機によるカーボディの計測 [23]

図 4.27 のような大型 3 次元測定機を使用する．これは場合によっては**レイアウトマシン**と呼ばれる．航空機の場合はもっと大変で，翼の上に多数のマークを付け，立体写真によりその位置と高さを求めるか，縞を投影して，その縞の曲がり具合などから求める．昔は断面の型紙（ゲージ）を作りそれを表面にあてて，すきまを目で確認した．

コラム 12

30cm から 1cm が作れるか？

　昔の長さの基準はメートル原器という実際の物差しがあり，これを 1m として比較していた．さて，1m はこれでよいが，1cm はどうしたら作れるか？　これが問題である．要するにある長さを任意の分割数で分割する問題で，ギリシャの昔からいろいろと幾何学で研究されてきた．

　一番簡単なのは二分の一を繰り返す方法であるが，これでは 2，4，8，16，32，64，128，……と 2 の倍数でしか分割できない．したがって 100 等分は不可能である．

　そこでどうしたのか．多分最初はデバイダを用いて最小の長さの 10 倍がちょうど 1m の長さとなるよう調節しながら 10cm を作ったのであろう（厳密には 1m ではなく，その時代の基準の長さ）．これができればしめたもの．

　次はできた 10cm をまた 10 等分できるようにデバイダの幅を調節し，カットアンドトライを繰り返す．これで 1cm ができた！

　同じ方法で 30cm の物差しの長さを分割して見よう．この場合はまず 3 等分から始る．そして 10cm を作る．次に 2 等分して 5cm を作り，それを 5 等分する．

　うまくできたかな？

第5章
機械計測に及ぼす他の量の計測

機械計測には長さ，温度，力などがあるが，これらの測定項目がすべて独立で，他の影響を受けなければ，これほど楽なことはない．実際には，おのおの何らかの影響を及ぼし合っている．これをグラフに書くと左図のようになる．

本当はこの3つの現象は独立なのだが，実物は力にも温度にも感度をもっている．これをクロストークという．優れたセンサほどこのクロストークが少ない．

5.1 温度

　温度の計測というと，まず思い浮かぶのは**寒暖計**である．寒暖計はいい加減なようでそこそこ正確なので，うまく使うとよい．もっとも土産物店で売っているものはその場で比べてみても 2℃ ぐらい違うのは珍しくない．比較的簡単に手に入ってまあまあ正確なのは，写真店などで売っている棒状の温度計である．これで 1℃ 違うのは少ない．

　安い棒状の温度計を部屋のあちらこちらに下げて温度を見てみると，いかに場所によって温度が違うかがよくわかる．その場合，壁から離して下げることがコツである．20〜30cm は離したい．近いと壁の輻射熱を測ることになる．温度検知部の先端には銀紙の筒をかぶせる（**図5.1**）．そうすることにより周囲の**輻射熱**が防げる．

　当然のことながら何本か買ったら，全部を同じ容器に入れ，水，お湯を入れて同じ温度を示すかどうか確認しておく．多分 0.5℃ 程度の差は見つかるであろう．その値は記録しておく．

　このように多数の温度計を下げてみると，空調の善し悪しがよくわかる．特に足元の高さと，頭の高さでの温度差は大事である．

　実際の測定ではサーミスタ温度計，あるいは白金測温抵抗体，熱電対，そして最近は半導体温度センサなどが使用される．

　このようなセンサで品物の温度を測定する場合には，品物の中心温度と，表面温度が異なることに注意する必要がある．特にガラス，セラミックスなど熱伝導の悪い材料は要注意である．厳密な測定の場合には穴をあけてそこに温度計あるいは温度センサを差し込み，シリコンなどの熱の良導体を封入する（**図5.2**）．**熱電対**のように検出部分が小さく，熱容量が小さいと気流の変化に敏感に応答する．これがよい場合と悪い場合があり，応答を遅くさせるには銅板などに張って，板全体を温度センサとして使う．

熱画像カメラの原理

　普通の温度計は，一点の温度のみを計測する．しかし実際の世界は 3 次元的

第5章◆機械計測に及ぼす他の量の計測

図5.1 棒状温度計の使い方

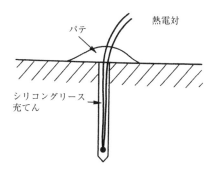

図5.2 温度センサの取り付け方

149

に広がっており，各部分を個別に測定していたのでは時間が足りなかったり，全体の姿が見えない．温度計測でも同様で，いっぺんに面として温度分布を計測する手段が現れている．これが熱画像カメラ，あるいはサーマルビデオと呼ばれるものである．これは物体から放射される熱線（赤外線）をキャッチして二次元の像として表現するものである．普通のレンズは熱線である赤外線を通しにくいのでゲルマニウムなどでレンズを作る．焦点部分には赤外領域まで感度のある半導体センサを用いる．この２つのキーパーツにより熱を絵として捉

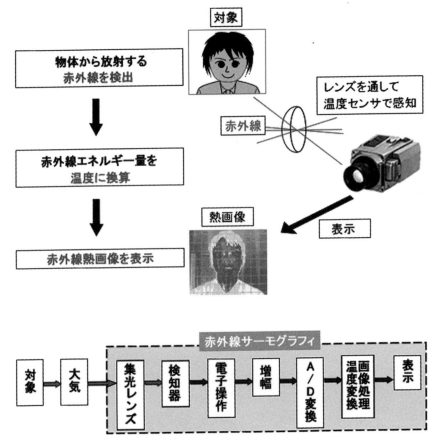

図 5.3　熱画像カメラの動作原理

えることができる．図 5.3 はその原理説明図（日本アビオニクス社 HP より）
である．

5.2 力，圧力

昔，力の検出，測定にはひずみゲージというワイヤに応力がかかると抵抗値
の変わるものしかなかったため，その測定範囲も限られていた．しかし最近は
水晶に荷重を加えると電荷が発生する原理を応用したセンサが大きく普及し，
そのためにいろいろな分野で使われるようになった．

圧電素子形式の利点は小型で，かつ高い応答周波数をもっていることで，数
百 kHz にまで応答するセンサもある（**図 5.4**）．力センサは構造物の中で起
こっている歪みの量，変形の量の測定には大変有効である．ときどき熱による
応力歪みの測定に応用されているケースを見るが，温度変化には敏感で，十分
な対策（ダミーを用いる，ブリッジによりバランスを取る，温度制御をするな
ど）をとる必要がある．

このセンサの応用では圧力センサがある．これは**図 5.5** のように閉じた部屋
があり，その 1 つの壁の裏に圧電素子が貼り付けられている．部屋の圧力が変

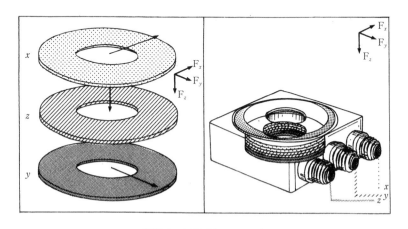

図 5.4　圧電式力センサ [24)]

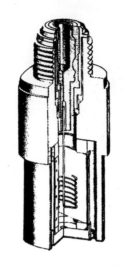

図 5.5 圧力センサの外観 [25]

化すると壁が変形し，その結果力を検知する仕組みである．また重りを壁に付けることによって加速度を測定するセンサもある．

　半導体製造技術の進歩により加速度計も大きく変化した．自動車などに積載される3次元加速度計などでは10mm角程度でX，Y，Z，3方向の振動が一度に計測できる．同様なものはスマホやタブレットにも搭載されている．

5.3　振動

　振動と変位とは密接な関係がある．振動にも変位量と速度，加速度の成分に分けることができ，変位の測定によって振動の大きさを測定することもある．
振動の基本法則
　振動を考える際には，忘れてはならない基本法則がある．それは連続的な変位 x を時間（t）で微分したものが速度（dx/dt）であり，さらにそれをもう一回時間で微分したものが加速度である（dx^2/dt^2）．これら3つの間には密接な関係がある．大きな違いはその時間的な変化であろう．「振動」は一般には短い時間の間に繰り返して動くことをさし，「変位」はきわめてゆっくりし

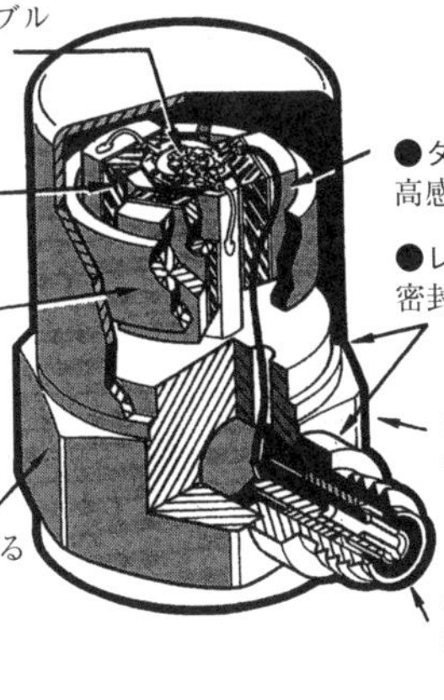

第5章◆機械計測に及ぼす他の量の計測

- ●内蔵ICP電子回路
  低インピーダンス出力で長いケーブルでの動作を可能にする

- ●シェア構造圧電素子
  再現性と長期安定性に優れる

- ●高剛性フリロードリング
  圧電素子を締め付け，高周波特性を改善する

- ●六角ベース
  標準レンチで容易に取り付けできる

- ●タングステン慣性マス
  高感度の出力をもたらす

- ●レーザ／電子ビーム溶接
  密封構造で塵，湿気の侵入を防ぐ

- ●軽量チタンケース
  被測定系への重量付加を軽減する

- ●ハーメチックコネクタ
  確実な密封を保つ

図5.6 振動加速度ピックアップの構造 [25]

てほとんど変化のないような場合をさすことが多いが，その境目はない．したがって，早い周期で動く様子を検出することができるセンサであれば振動センサになる．

たとえば，レーザ干渉測長器では一定時間ごとに変化する距離の情報から移動速度，加速度を計算することができ，実際にこの原理を応用した振動測定方法もある．

また，**ドップラ効果**を利用した速度測定の方法もある．ドップラー効果とは，移動するものにある周期の光，あるいは音をあてると，反射してくるものは移動する速度の影響を受けて，その分だけ速く，あるいは遅くなる，という原理のことである．よく救急車がサイレンを鳴らして目の前を通過すると，突然サイレンの音が低く感じる，あれである．この原理により非接触に機械の表面の振動速度を計測することができる．

一般に用いられる振動計は接触式である．**図5.6**は，圧電素子を用いた**振動加速度ピックアップ**の構造である．図のように検出素子の上に重りがのっている．このユニット全体がゆらされると加速度の影響で重りが上下に振られ，圧電素子を押す圧力が変化する．この押し付ける力は圧電素子の硬さ（ばねの強さ）と重りの目方で決まる．このようなセンサを加速度計（ピックアップ）と

いう．圧電式加速度計の欠点は低い振動周波数では感度が低いことで，反対に高い振動周波数の測定は大得意である．

5.4 応用編
―― 工作機械の運動精度の測定

工作機械はいろいろな機械の部品を形作る道具である．そのために複雑な動きを正確にする必要があり，なかなかにむずかしい機械である．その性能の検査には本書で紹介した計測技術のすべてが応用されることがある．なぜならその機能には回転，直進運動，位置決めなどがあり，運動に付随して振動，削った品物の表面の評価方法などが要求される．そこでこの章では工作機械に特有の性能評価の方法について紹介する．

工作機械の精度の測定については，ISO 規格の 230 シリーズという通則に詳しく規定されているので，興味のある方はそちらを見ていただきたい．

なお，ここで紹介する測定のいくつかは半導体の製造装置にも応用ができるものである．

5.4.1 位置決め精度の測定方法

最近の工作機械にはみな NC 制御装置がついていて，プログラムによってそ

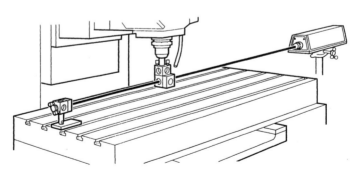

図 5.7　レーザによる位置決め精度の測定[26)]

の運動を制御することができる．その時に基本的な性能として定められた位置にどれだけ正確に止めることができるか，という問題がある．この測定には**図5.7**のようにレーザ干渉測定器を測定する運動軸（テーブル）に配置する．普通は主軸に反射鏡（コーナキューブという）を取り付け，移動するテーブルに干渉光学系を取り付けるが，簡便法として図のようにセットしてもあまり問題はない．レーザのヘッドは機械の外に置く．こうしてテーブルを動かしていくとその移動量が測定され，NCの指令量と比較することで，**位置決めの偏差**がわかる．

5.4.2　テーブルの運動精度の測定

工作機械のテーブルには**図5.8**に示すように5つの運動偏差成分がある．すなわちX軸方向では上下方向の**直進偏差**（真直度と一般にいう），左右方向の直進偏差，運動に伴う進行方向での上下方向の**回転偏差**（**ピッチング**という），左右方向の回転偏差（**ヨーイング**という），そして進行方向軸周りの回転偏差

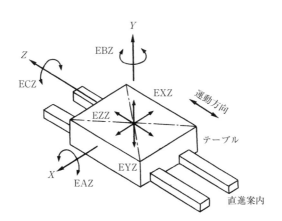

EXZ：Y-Z平面における直進偏差
EYZ：X-Z平面における直進偏差
EAZ：ピッチ
EBZ：ヨー　　｝姿勢偏差
ECZ：ロール

図5.8　テーブルの運動誤差成分

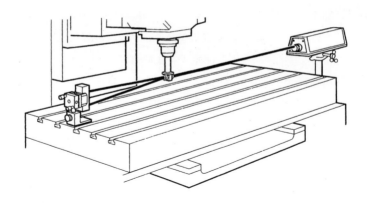

図 5.9　レーザによる直進精度の測定[26]

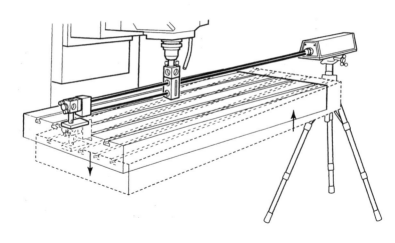

図 5.10　レーザによるピッチング精度の測定[26]

(**ローリング**という)がある．直進偏差は真直度の測定方法と同一であり，レーザを用いる場合には図4.18の方法を用いる．実際のセッティングは**図 5.9**のように行う．他の成分は皆角度に関する偏差であるので微少角度の測定のできる装置で計る．**図 5.10**はその一例で，レーザを応用した微少角度検出装置によりテーブルのピッチング精度を計っているところである．もちろん高感度の水準器でも測定できる．

第5章◆機械計測に及ぼす他の量の計測

図5.11 レーザによる直角度の測定[27]

5.4.3 運動軸の相対的位置の確かさの測定

工作機械の各直線軸（X, Y, Z軸など）は, 普通お互いに直交するように設計, 製造される. ところが μm 単位で正確に直角に組み立てるのは大変に難しい. 必ずその組立には狂いが伴う. その量を測定し, 場合によってはソフトウエアで補正する. **図5.11** は, 直角が保証された光学素子を基準として直角度をレーザを用いて測定する方法である. きちんとした直角定規と電気マイクロメータがあれば, 直角の狂いは正確に測定ができる.

5.4.4 回転角度精度の測定

最近の工作機械は複雑化してきており, 直進運動だけでなく, **回転割り出し**（任意の角度に回転・停止すること）も可能となってきているものが多くなっている. このときに問題となるのが, 回転機構が正確な角度位置で停止するか? ということである. 従来は**インデックステーブル**（**図5.12**）という正確な角度割り出しのできる基準を用意し, それを測定対象の回転軸に同軸に固定する. そして測定対象の軸をたとえばプラス方向に90度回転したら基準の

157

図 5.12 インデックステーブル[28]

図 5.13 光電コリメータ[29]

インデックスを反対にマイナス方向に 90 度回転させる．するとプラスマイナスゼロで基準の上の面に取り付けた品物（反射鏡）は同じ方向を向いたままとなるはずである．この反射鏡のわずかな回転を測定することによって割り出し精度が測定できる．

　測定には**光電コリメータ**（**図 5.13**）という高感度の角度検出装置を用いることが多い．

　最近は**図 5.14** のような，レーザ干渉測定器用の専用回転角度測定装置も開発されている．こうした道具を用いるときわめて短時間に測定が可能となる．

第5章◆機械計測に及ぼす他の量の計測

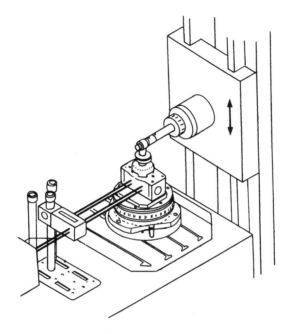

図 5.14 レーザ応用角度割り出し精度測定装置 [30]

5.4.5 制御精度の測定

NC工作機械の特有の問題に，2つの制御軸を同時に動かす場合の確かさがある．たとえば，X，Y，2軸を用いて同時に動かせば斜めの線がかける．このときの正しさは動きの方向に沿って直線定規を置き，インジケータを当てて偏差を読めば測定できる．では2軸を同時に使って円を描かせたらどうなるであろうか．

これにはいくつかの方法が提案されている（**図 5.15**）．どの方法も基準となる円を何らかの方法で作り出している．(a)では回転中心にボールを置き，そこに磁石のついたソケットがはまって回転する．棒の長さが一定であれば反対側の端は球面を描く．(b)も同様であるが上下方向には拘束されているので，反対側は円を描く．そして(c)は逆に円盤を基準とし，その外側をなぞる方

159

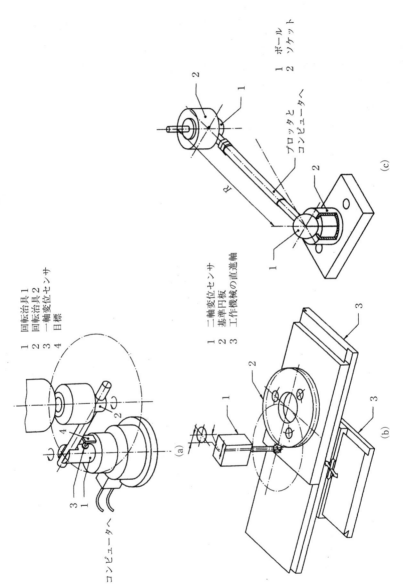

図 5.15 円弧制御精度の測定方法（ISOによる）[31]

法である.

　もっとも普及している方法は,（a）の**ボールバー**というものを用いる方法である. バーの中にはわずかな変位を検出するセンサが組み込まれている. 実際の測定結果の例を**図**5.16に示す. X軸あるいはY軸の動きの方向が変わるところでは, バックラッシュという機械のガタの影響により不連続点ができるのがよくわかる.

　こうした計測方法の開発と普及により, 工作機械の精度はずいぶんよくなってきている.

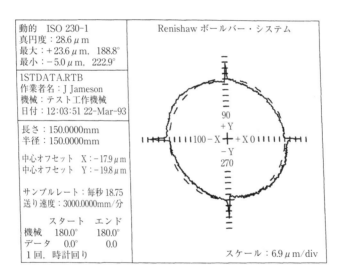

図5.16　ボールバーによる測定例

第6章
これからの機械計測

人類が地上に現れてからこのかた，いろいろな工夫とともに物を作り，またそれを改善，発展させてきた．ここにきて既存資源の再利用，リサイクル，ということを真剣に考えなければならない事態に我々は直面している．こうしたときに重要な技術の1つは計測である．ものを正確に測り，評価することにより無駄をなくす，またすでにあるものの状態を明確に表現して，再利用に対する有益な情報を提供する．考えてみれば，計測とは情報提供のための技術の1つで，しかも最初の入り口なのだ．いわば新たなる世界への第一歩の技術である．少しでも多くの方々に参加して欲しい分野である．

6.1 マクロからミクロへ

　機械計測はその対象をきわめて大きいものから小さいものまで，きわめて広範囲な守備範囲をもっている．たとえば大きい方では造船がある．最近はその数も少なくなったが，一時期日本は世界一の大型タンカー造船国であった．大型タンカーでは全長300～400m，幅50～70mと巨大であるが，その溶接，組立加工では3mm程度までの寸法，位置合わせが要求されるのである．300mで3mmとするとその比率は10の5乗であり，100mmで10μmをうんぬんするのと同一の精密さである．こうした例は本四架橋，トンネルなど大型構造物に共通といえよう（**図6.1**）.

図6.1　マクロからミクロへ

これら大型構造物の測定は，従来から三角測量方法が基本であったが，レーザの普及にともない直接距離を測る手段も用いられるようになった．

距離測定のほかには直線性の測定がある．トンネルでも船でも長い距離をまっすぐ保たせるには基準が必要である．大昔は糸を張り，それを基準としたが，20m以上にもなると糸の目方が馬鹿にならず，これも困難である．そこでつぎには望遠鏡と，目印を用いる方法に変化した．望遠鏡を動かないように固定し，目印がその視野の絶えず中心となるよう移動させていけば，目印の軌跡は直線となる．この方法が長いこと採用されてきたが，レーザの実用化により大きな変化を遂げたのである．レーザ光線は強力で，かつまっすぐに飛ぶ性質がある（厳密な話をするとなかなかまっすぐに飛んでくれない）．そこで目に見える波長のレーザ光線を糸の代わりに飛ばす．そして目印を移動させ，ターゲットの中心位置にビームが当たるようにすれば，その位置が直線上の一点である．

6.2　GPSとその原理の応用

現在ほとんどの携帯電話にはGPS機能が付いており，現在位置の検出が可能になっている．ではGPSとは何だろうか．GPSはGlobal Positioning Systemの略である．その原理は図6.2のように地球の周辺にある衛星（S1，S2，S3，S4）を基準として受信位置Pを割り出す．R1〜R4はそれぞれの衛星から受信位置までの距離である．この距離は電波の到達時間から計算する．ではその考え方である．

図6.3のように自分の場所Pに対して基準点がO_1，O_2，O_3とある．最初にO_1しかない場合を考える．PとO_1のあいだの距離はL1であるが，O_1を中心として距離L1の場所は円C1の上のどこかである．同様にO_2を中心とする円C2を考えるとこの2つの円の交点にPがあるが，2か所が可能性としてあり，決定できない．そこで第三の基準点O_3をおき，ここから円C3を考えるとPは決定できる．そこでO_1とPの距離L1，O_2とPの距離L2，そしてO_3とPの距離L3が判り，O_1，O_2，O_3の相対的な位置が判れ

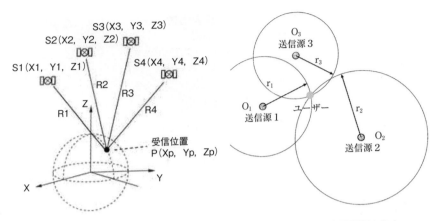

図6.2 GPSの原理　　図6.3 GPSの位置計算の仕方

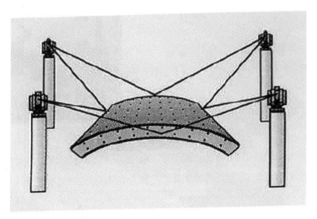

図6.4 セオドライト非接触三次元計測システム（ライカ）

ばPは求まる．これがGPSの基本原理である．ここでは2次元平面で示しているが実際は三次元空間であり，$r = x^2 + y^2 + z^2$ の球面の式で求める．また点数も3点ではなく4点で求めている．

では距離rの計算である．衛星から電波を送信した時刻Ttと受信位置で受信した時刻Trが判れば電波と光の速度は同じなので，光の速度C（$c = 2.99792458 \times 10^8$m/s）を使って $r = c(Tr - Tt)$ となる．こうした原理を

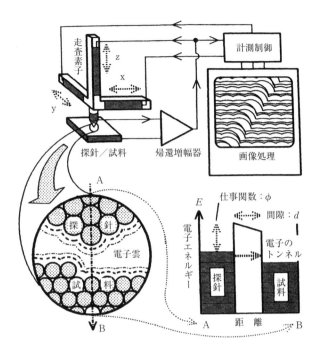

図 6.5 STMの原理[32]

用いて位置は大体 30m 以内の誤差で求められるという．また測定時間を長くとれば 2 点間の距離を 10km で数 mm の精度で測ることも可能と言われている．実際には位相差などを求める計算をしている．このような複数の目標に対する距離から現在位置を求める手法は大形部品形状の測定のための手段としても用いられており，10m で 0.01mm 台の計測が実現している（**図 6.4**）．

6.3 原子レベルの計測
——AFM と STM

最近の科学技術の進歩は恐ろしいほどであり，今までは想像の世界か，きわめて特殊な測定器でなければ見えなかったものが見たり，測れたりできるようになってきている．その代表がミクロの世界の測定装置である．

いままで 0.01 μm 以下を調べようとすると電子顕微鏡以外の手段がなかったが，**STM**（Scanning Tunnel Microscope：**走査型トンネル顕微鏡**）というものが発明されて大きく変化した．

　図 6.5 はその原理である．きわめて尖った針を測定する品物の表面に近づける．そして両者の間に電圧をかけておく．針がどんどん品物の表面に近づくと，突然両者の間に電流が流れ始める．これが**トンネル電流**というものである．この電流の値が一定となるように両者の間の距離を制御する．このときの位置の制御信号を記録していくと相対変位の量を測ったのと等しくなる．これが STM の原理である．

　実際の装置では，位置関係を動かす装置として圧電素子が使われる．圧電素子は加える電荷に対応して伸縮するものであるが，その量が大変小さいのでこうした分野に応用されている．STM により我々は比較的簡単に原子の配列を見ることができるようになった．ただしよいことばかりではなく，電気を通す物体でないと測れない，あまり大きい範囲（数十 μm 四方）は測れない，などの欠点がある．

　一方，**AFM**（Atomic Force Microscope；**原子間力顕微鏡**）は，構造は STM と似ているが別の原理を応用したものである．これは針と品物を近づけていくと，各々の表面の原子が引っ張り合う現象を利用し，引張り力により針を支えているカンチレバー（片持ち梁である）がたわむ量が一定となるよう，やはり針と品物の間の距離を制御するものである．**図 6.6** はその構造であるが，STM と大変よく似ている．

　AFM は電気が通じない材料でも測定できる．比較的粗い表面でも測定できる，などの利点があり，STM より普及している．これもやはりあまり大きい範囲の測定が困難であるのが現状であるが，どんどん範囲を拡大する努力がされており，近い将来 1 m 角の範囲の測定も可能になるものと思われる．

　もっとも最近のマルチで脳内情報を計測する装置とか MRI の応用で，かなり判るようになってきた．ひょっとすると世界が変わるかもしれない．

第6章◆これからの機械計測

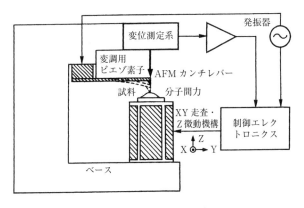

図6.6　AFMの原理[33]

6.4　CTスキャン

　医療分野での計測装置の発展には著しいものがある．CT，MRIなど多くのローマ字で表記される装置が増加した．なかでもX線を用いた透視・観察装置では従来とまったく異なる装置が普及してきている．その代表がX線CTスキャンである．CTとはComputer Tomography（コンピュータ断層撮影）の略であり，いろいろな信号（X線，超音波，振動など，ここではX線）を用いて品物を操作し，得られた結果をコンピュータ処理して品物の内部の形を推定する技術である．

　その原理は，というと測りたい品物の周辺に信号を発する投射機とその反対側の検出器を一対として配置する．そして投射機から発せられた信号が品物を通過したのちに変化したようすを面として捉える．この時の信号処理にコンピュータを用いる．その原理を図6.7に示そう．簡単のために図のように四角い品物を考える．その品物を2×2に区切る．各部分の重み（色でも物質でもよい）を図のように1，5，2，3としよう．いま上方から信号を与え，品物の反対側に置かれた検出器が受けた信号の大きさは3と8である．

　また90°横方向から信号を与えた場合は6と5となる．情報として与えら

169

れた数字は3，8，6，5の4つである．この4本の式からA，B，C，Dの値を決定する．（1）+（2）= A + B + C + D = 11　（3）+（4）= A + B + C + D = 8　（1）と（4）から

A +（8 - D）= 6　∴ A - D = - 2（5）　となるが，4個の値を4本の式からは求められない．そこで斜めの方向の情報を得ることができれば

A + D = 4（6），B + C = 7（7）となり，

（5）+（6）= 2A = 2

従ってA = 1 となる．

これをもとに計算すればA，B，C，Dすべてが求まる．これがCTの基本的な原理である．現実の装置ではいろいろな方向と1000個以上の検出器で細かく検出し，計算する（**図6.7**）．この例では数値が求められるだけの方程式がたてられたが，実際にはそれだけ多くの測定ができない場合がある．そのような場合には推定として仮の値を決め，それを代入してもっともらしい解を求めるのである．ここまでは2次元の測定であるが，長手方向（人体では頭から足まで）に位置をずらせながら測定すれば3次元の三次元画像が得られる．医療用では高速にデータを取り，時間軸を加えた4次元計測も行なわれている．これにより心臓などの鼓動のようすも捉えることができる．

ではX線CTの精度は何で決まるか，というと投射するX線ビームの線の細さと，それを検出する検出器ピッチの細かさ，そして収集データ数で決まる．これらは多いに越したことはないが計測時間が長くなり，対象物である人体の被曝量が多くなり危険度が増す．その兼ね合いを見て製品ができている．

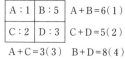

いっぽう工業用のX線CTではこうした心配はない．**図6.8**はZeiss（ドイツ）の工業用X線三次元測定機METROTOMの外観である．この測定機では300 × 300 × 300mmまでの品物を測定が可能で，ピクセルサイズは400 μ m，X線ビームの焦点寸法は7 μ m程度と公表されている．

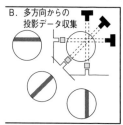

図6.7　実際の投影とデータ収集

図6.8　Zeiss METROTOM no 外観と内部構成（Zeiss カタログより）

図6.9　シリンダ材質欠陥の表示

　このような装置を使えば鋳物内部の欠陥（**図6.9**）や，内部配線の有無などが容易に判断できる．また材質欠陥なども検出ができるという．最近は博物館に設置され発掘品，仏像内部などの検査に使われ始めている．これからますます普及するであろう．

6.5　複合計測技術

　複数の計測原理を一体化することで，新たな評価が可能になる．ここではレーザ顕微鏡とラマン分光分析装置を一体化した例を紹介しよう（**図6.10**）．この測定機では共焦点方式のレーザ三次元形状測定装置にレーザラマン分析装置を組み込んだものである．その測定例を**図6.11**に示す．
　図はシリコン圧力センサ（**図6.12**）に圧力をかけた時の幕の変形状態（上）と，その時の内部応力状態（下）を同時計測したものである．教科書通りにエッジ部分で応力が最大となっていることが判る．このような複合化は他のい

図6.10 レーザ顕微鏡＋ラマン分光分析装置

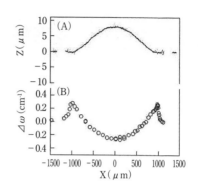

図6.11 レーザ・ラマン分析装置の測定例

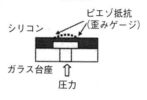

図6.12 シリコン圧力センサ

ろいろな分野，たとえば温度分布と変形，圧力分布，振動と音響放射などで行なわれている．

3) たとえばM. Yamaguchi, S. Ueno, I. Miura, W. Erikawa: Experimental Mechanical Stress Characterization of Micro-Electro-Mechanical -Systems Device Using Conforcal Laser Scanning Microscope Combined with Raman Spectrometer System, Japanese J. of Applied Physice, Vol. 46, No10A（2007）

6.6 計れないものを計る

この世の中で誰しもが計りたいけど計れないもの，それは人の心である．特に女性の心は時系列的扱いの結果を裏切ることが多々ある．これを間違いなく計れる装置を作ったら間違いなくノーベル賞か？ あるいは抹殺されるかのど

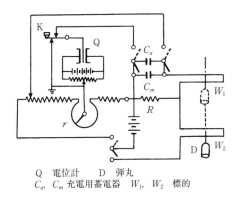

Q 電位計　D 弾丸
C_a, C_m 充電用蓄電器　W_1, W_2 標的

図6.13 大砲の弾の速度の測定原理[34]

ちらかであろう．

さて，機械系の分野でも計れないものはいっぱいある．いや計れるもののほうが少ない，といったほうが正しい．さりとて現場では何とかしてそこそこ推定をしたい，ということがいっぱいある．そのための手段について少し示そう．

第一は他の物理量に置き換えた間接的計測が可能かどうかの検討
第二は統計的な手段による推定が可能かどうかの検討
そして第三は本当に計る必要があるのか？　という検討
である．

第一の方法は間接測定で，目方に置き換える，光の透過量で置き換える，体積に置き換えるなどが考えられ，実際に行なわれるケースが多い．とくに目方に置き換える方法は現実味が高い．

ここで古い例であるが面白い測定原理を紹介しよう．第二次世界大戦前のことである．日本では兵器の開発を盛んに行なっていたが，このとき，大砲の弾の速度を測定する必要が出てきた．いまであればレーザ光などを用いて野球のボールの速さを測る方法があり，これを応用すれば簡単に計測できる．

ところが当時はこうしたものがなかったので工夫が必要であった．ではどうしたか？　**図6.13**はその原理図である．大砲の弾の通過するところに2本の

電線を張る．1本目の線はコンデンサにつながれており，この線が切れるとコンデンサに電気が充電されるしくみとなっている．2本目の線は電源に繋がっている．この線が切れると，コンデンサに充電する電気が断たれる．弾が最初の線を切り，コンデンサが電荷を溜め始める．そしてつぎの線を切り，電荷を溜める作業が終わる．このとき溜まった電荷の量を測る．そして2本の線の間の距離で割ると，得られた電荷の量は速度に比例したものとなる．これはきわめて単純でしかもうまい測定方法であった．

　第二の統計的な方法は大量のものの計測でよく採用される．小さなねじなどでは1本の目方を量らずに1000本単位で量る．あるいは逆に目方から1000本であることを推定する．

　第三の方法は多元解析である．異なるベクトル情報，たとえば変位と温度，振動，気圧，作業者，機械種類などを時間軸を基準としていっぺんに収集・分析する．こうした手法によりいままでは不可能であった現象を解析することもできる．

　さらには傾向分析がある．機械加工で使われる方法で，1時間ごとに加工された品物の寸法精度を測定する．すると**図6.14**のようなグラフが得られ，あと何時間で不良の品物となるかが推定できる．生産ラインが安定していると結構信頼性の高い推定ができる．

　最後のケースは数値を並べる計測を行なわなくてもよい，という例である．本来必要のない寸法を測っていないか，ラインの性質から考えて測らなくても安定しているといえないか，という検討である．これがきちんとできると，あなたはプロである．

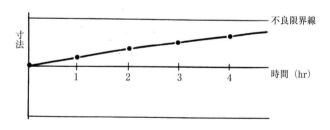

図6.14　1時間ごとに，加工された品物の寸法精度を測定

第6章◆これからの機械計測

付表　SI単位系

（「計量研究所要覧」より）

(a) 国際単位系（SI）接頭語

m 長さ	kg 質量	倍数	記号	呼名	s 時間	K 温度
		10^{24}	Y	ヨタ		
		10^{21}	Z	ゼタ		
	バイカル湖の→ 水の質量 （約23Eg）	10^{18}	E	エクサ	←地球の歴史 （約140Ps，約45億年）	
1光年　→ （9.45Pm）		10^{15}	P	ペタ		
		10^{12}	T	テラ		
		10^{9}	G	ギガ	←1年 （31.55Ms）	←高温の星 （約2GK）
月までの距離→ （384.403Mm）	1トン（1Mg） 日本のキログラム→ 原器 No.6 （1,000 000 176kg）	10^{6}	M	メガ		人間の体温 ←（約310K）
		10^{3}	k	キロ		
		10^{2}	h	ヘクト		←水の三重点 （273.16K）
		10	da	デカ	←心臓の鼓動の 周期	
人間の身長→		1				
		10^{-1}	d	デシ		
		10^{-2}	c	センチ		
可視光の波長 （0.38〜0.77μm）→	原器用天秤の感量 （1μg）	10^{-3}	m	ミリ		←タングステンの 超伝導転移点 （約12mK）
		10^{-6}	μ	マイクロ		
		10^{-9}	n	ナノ	←セシウム周波数標準 の放射の1周期 （108.782 775 708ps）	
ボーア半径（52.917pm）→		10^{-12}	p	ピコ		
電子半径（2.818fm）　→		10^{-15}	f	フェムト		
		10^{-18}	a	アト		
		10^{-21}	z	ゼプト		
	原子質量単位 （1.660 566yg）	10^{-24}	y	ヨクト		

175

(b) 固有の名称を持つSI組立単位

量	SI 単位			
	名称	記号	他のSI単位による表現	SI基本単位による表現
周波数	ヘルツ	Hz		s^{-1}
力	ニュートン	N		$m \cdot kg \cdot s^{-2}$
圧力,応力	パスカル	Pa	N/m^2	$m^{-1} \cdot kg \cdot s^{-2}$
エネルギー,仕事,熱量	ジュール	J	$N \cdot m$	$m^2 \cdot kg \cdot s^{-2}$
工率,放射束	ワット	W	J/s	$m^2 \cdot kg \cdot s^{-3}$
電気量,電荷	クーロン	C		$s \cdot A$
電位,電圧,起電力	ボルト	V	W/A	$m^2 \cdot kg \cdot s^{-3} \cdot A^{-1}$
静電容量	ファラド	F	C/V	$m^{-2} \cdot kg^{-1} \cdot s^4 \cdot A^2$
電気抵抗	オーム	Ω	V/A	$m^2 \cdot kg \cdot s^{-3} \cdot A^{-2}$
コンダクタンス	ジーメンス	S	A/V	$m^{-2} \cdot kg^{-1} \cdot s^3 \cdot A^2$
磁束	ウェーバ	Wb	$V \cdot s$	$m^2 \cdot kg \cdot s^{-2} \cdot A^{-1}$
磁束密度	テスラ	T	Wb/m^2	$kg \cdot s^{-2} \cdot A^{-1}$
インダクタンス	ヘンリー	H	Wb/A	$m^2 \cdot kg \cdot s^{-2} \cdot A^{-2}$
セルシウス温度	セルシウス度	℃		K
光度	ルーメン	lm		$cd \cdot sr$
照度	ルクス	lx	lm/m^2	$m^{-2} \cdot cd \cdot sr$

付　表

(c) 固有の名称を用いて表現される SI 組立単位の例

量	SI 単位 名称	SI 単位 記号	SI 基本単位による表現
粘度	パスカル秒	Pa・s	$m^{-1}\cdot kg\cdot s^{-1}$
力のモーメント	ニュートンメートル	N・m	$m^2\cdot kg\cdot s^{-2}$
表面張力	ニュートン毎メートル	N/m	$kg\cdot s^{-2}$
熱流密度, 放射照度	ワット毎平方メートル	W/m²	$kg\cdot s^{-3}$
熱容量, エントロピー	ジュール毎ケルビン	J/K	$m^2\cdot kg\cdot s^{-2}\cdot K^{-1}$
比熱（比熱容量）[*1], 質量エントロピー	ジュール毎キログラム毎ケルビン	J/(kg・K)	$m^2\cdot s^{-2}\cdot K^{-1}$
質量エネルギー	ジュール毎キログラム	J/kg	$m^2\cdot s^{-2}$
熱伝導率	ワット毎メートル毎ケルビン	W/(m・K)	$m\cdot kg\cdot s^{-3}\cdot K^{-1}$
体積エネルギー	ジュール毎立方メートル	J/m³	$m^{-1}\cdot kg\cdot s^{-2}$
電界の強さ	ボルト毎メートル	V/m	$m\cdot kg\cdot s^{-3}\cdot A^{-1}$
体積電荷	クーロン毎立方メートル	C/m³	$m^{-3}\cdot s\cdot A$
電気変位	クーロン毎平方メートル	C/m²	$m^{-2}\cdot s\cdot A$
誘電率	ファラド毎メートル	F/m	$m^{-3}\cdot kg^{-1}\cdot s^4\cdot A^2$
透磁率	ヘンリー毎メートル	H/m	$m\cdot kg\cdot s^{-2}\cdot A^{-2}$
モルエネルギー	ジュール毎モル	J/mol	$m^2\cdot kg\cdot s^{-2}\cdot mol^{-1}$
モルエントロピー, モル熱容量[*2]	ジュール毎モル毎ケルビン	J/(mol・K)	$m^2\cdot kg\cdot s^{-2}\cdot K^{-1}\cdot mol^{-1}$
（X 線及び γ 線）照射線量	クーロン毎キログラム	C/kg	$kg^{-1}\cdot s\cdot A$
吸収線量率	グレイ毎秒	Gy/s	$m^2\cdot s^{-3}$

* 1　capacité thermique massique.
* 2　capacité thermique molaire, モル比熱とも呼ばれる.

参考・引用文献

1) チャールズシンガー他編：技術の歴史，筑摩書房（1978）Vol.2, p.401（テーベの絵）
2) チャールズシンガー他編：技術の歴史：筑摩（1978）Vol.2, p.633
3) チャールズシンガー他編：技術の歴史：筑摩（1978）Vol.6, p.440（ポンペイのコンパス）
4) The BIPM and the Convention du Metre（BIPM パンフレット）：（1995）p.9
5) 鈴木，石田，五十嵐：工作機械メーカにおける ISO 9001 取得のための計測システム，機械と工具（1999.10）p.15
6) SIP Operator's Manual：（1984）SIP, p.3
7) Mahr 社カタログより
8) 昭和電線電（覧）社カタログ（昭和 62）より
9) AirLoc 社カタログより
10) ミツトヨテクニカルブレテン（1995）Vol.42, p.27
11) Mahr 社カタログより
12) Mahr 社カタログより
13) Mahr 社カタログより
14) ミツトヨテクニカルブレテン（1996）Vol.43
15) ミツトヨテクニカルブレテン（1996）Vol.43
16) aser Calibration System Application Note（1997）NRC, Canada
17) ミツトヨテクニカルブレテン（1987）Vol.26-3
18) ISO 230-1：2012, ISO（2012）p.9
19) 藤田製作所カタログより
20) キヤノンレーザロータリーエンコーダカタログより
21) 第一測範製作所カタログより
22) WYLER 社カタログより
23) 東京貿易（株）カタログより

24) スラー社カタログより
25) PCB 社カタログより
26) HP 社レーザ測長システムカタログより
27) レニショー社レーザ測長システムカタログより
28) AA ゲージ社カタログより
29) テーラーホブソン社カタログより
30) HP 社レーザ測長システムカタログより
31) ISO 230-1：2012：ISO（2012）p.42, 43
32) 小林昭監修, 超精密生産技術大系, フジテクノシステム（1995）Vol.3, p.299
33) 小林昭監修, 超精密生産技術大系, フジテクノシステム（1995）Vol.3, p.305
34) 上野：機械量の精密計測における電子的計測, 電子通信学会, 59-8（昭和51.8）p.37
35) K.R. ギルバート：ヘンリーモーズレー, サイエンスミュージアム資料, ロンドン, レオナルド・ダ・ビンチ

参考文献

　下記の文献の大半は，いまや絶版となっている．しかしながら頑張って探すだけの価値はあると思われるので，あえてリストアップした．なお，もっとも役に立つのは各種新聞記事である．

＊単位，技術の歴史に関する書籍
　高田　誠二：単位の進化，講談社（1970 年 4 月），
　高田　誠二：計る・測る・量る，講談社（1981 年 1 月）
　高田　誠二：単位のしくみ，ナツメ社（1999 年 7 月）
　高木仁三郎：単位の小事典，岩波（1985 年 3 月）
　小泉袈裟勝：度量衡の歴史，原書房（1977 年）
　小泉袈裟勝：歴史の中の単位，総合科学出版（1970 年 10 月）
　小泉袈裟勝：ものさし，法政大学出版局（1977 年 10 月）
　小泉袈裟勝：単位の起源事典，東京書籍（1982 年 9 月）
　押田勇雄編：新版単位の辞典，ラテイス（1969 年 5 月）
　チャールズ・シンガー他編：技術の歴史，筑摩書房（1978）
　A.P. アッシャー：機械発明史，岩波書店
　ジェームス・カービル著，三輪修三訳：工学を創った天才たち，工業調査会（1986 年 5 月）
　クリス・エバンス著橋本，上野共訳：精密の歴史，大河出版（1993 年 5 月），K.R. ギルバート：The Machine Tool Collection, Her Majesty's Stationary Office（1966）
　エドワード・デ・ボノ著渡辺茂監訳：発明発見小辞典，講談社（1979 年 12 月）
　K.J. Hume：A History of Engineering Metrology, Mechanical Engineering Publication（1980）
　A.A. Michelson：Studies in Optics, University of Chicago Press（1927）
　N. Atkinson：Sir Joseph Whitworth, Sutton Publishing（1996）

＊直接精密測定技術に関係する文献
　櫻井　好正：精密測定機器の選び方・使い方，日本規格協会（1982年2月）
　実践教育研究会編：機械工学基礎実験，工業調査会（1989年4月）
　和田　　尚：精密測定演習（第2版），産業図書（1973年3月），
　海老原敬吉：精密測定機械・機具，誠文堂新光社（1941年1月）
　青木　　保：精密測定及計測機器，丸善（1935年6月）
　青木　保雄：精密測定（1）（2），コロナ社（1958年7月）
　櫻井　好正：精密測定学，コロナ社（1982年2月）
　築添　　正：精密測定学，養賢堂（1970年8月）
　味岡　成康：精密測定器の機構設計，開発社（1970年9月）
　森　　吉雄：長さの計測（上）コロナ社（1990年1月）
　森　　吉雄：長さの計測（下）コロナ社（1990年3月）
　中野　健一：精密形状測定の実際，海文堂（1992年10月）
　須賀　信夫：精密測定入門，ミツトヨ計測学院（2014年4月）
　藤田　　薫：長さを測る：日科技連（1974年11月）
　S. トランスキー著，砂川一郎訳：光学の世界，講談社（1970年1月）
　W.R. Moore 著，長岡，畑中，栗原，加藤共訳：超精密機械の基礎，国際工機（1970）

＊一般機械計測に関するもの
　寺尾　　満：工業計測，オーム社（1966年8月）
　谷口　　修：機械計測法，養賢堂（1956年9月）
　森田矢次郎：機械計測学，共立出版（1970年10月）
　宮崎　孔友：計測工学，朝倉書店（1972年4月）
　工業計測技術大系編集委員会編：変位・厚さ測定，日刊工業新聞社（1965年2月）
　小林昭監修：超精密生産技術大系第3巻，計測・制御技術，フジ・テクノシステム（1995年7月）
　白石　昌武：インプロセス基礎技術，理工企画（1986年7月）
　河野，吉田編著：インプロセス計測・制御・加工，日刊工業新聞社（1997年5月）
　計量研究所編：超精密計測がひらく世界，講談社（1998年5月）

田中　敬一：レーザと計測，共立出版（1983 年 11 月）
森村　正直：超を測る，産業図書（1987 年 10 月）
工業調査会編：センサ／計測モジュール活用技術百科，工業調査会（1996 年 6 月）

＊熱に関するもの
棚沢，西尾，河村，笠木，吉田共著：伝熱研究における温度測定法，養賢堂（1985 年 7 月）

＊その他
日本物理学会編：物理実験データ処理，サイエンス社（1973 年 5 月）

お わ り に

　機械計測の分野がこの世に出現したのは，産業革命の時期と重なる．機械文明なしには機械計測は存在しない．しかしその基本となる計測技術の歴史は，まことに古く，文明発祥の時期に遡る．計測技術の入門書としてどのような書き方をするのがよいか随分と悩ませられたが，やはり生活の基本となる度量衡を起点として書き始めるのが素直であると思い，まず長さの始まりより，触れることとした．

　近ごろはあらゆるものが電子化，あるいは自動化され，計測という行為が行なわれているにも関わらず，人の目に触れないことが多くなってきた．しかし見えないだけで，基本となる計測行為に変わることはない．また電子化に伴い，日常生活に現れる長さの単位も mm からマイクロメートル（μm），さらにはナノメートル（nm）へと変わってきている．こうした考えから基本をまず示し，ついでそれを取り巻く社会的な現象（たとえば ISO9000 など）にも触れ，社会全体の中での計測の意義と大切さをアピールさせていただいた．

　本書は 2000 年 10 月に工業調査会より発刊された「はじめての計測技術」の増補改訂版である．この 16 年の間，最も大きく変わったのは非破壊，非接触測定分野と，計測分野全体を取り巻く環境変化である．また基本単位のなかで，約 200 年変わることのなかった質量の基準の改定は，いますぐではないが必ず変わる大きな変化として追加した．さらに不確かさの考え方，ISO9000 の変化，GPS 応用，X 線 CT，などの紹介も入れている．一方最初に述べたように基本的な考え方や，原理原則に変化はなく，その重要性はいささかも変わりがない．基本的な内容紹介は原本を踏襲し，新たな技術分野のみを加筆した．

　おわりに本書の復刻増補改訂版を実現していただいた大河出版に厚く御礼申し上げる．

（2016 年 4 月）

さくいん

【あ】

圧電素子……………………… *146*
アッベの定理………………… *61, 63*
アブソリュート方式………… *94*
粗さ…………………………… *120*
アンペア……………………… *26*
位相角度……………………… *99*
位置決めの偏差……………… *149*
1自由度系…………………… *56*
1秒（角）…………………… *136*
1メートル…………………… *104*
インクリメンタル方式……… *94*
インデックステーブル……… *152*
インプロセス計測…………… *36*
ウォラストンプリズム……… *135*
うねり………………………… *120*
エアリー点…………………… *55*
円周率………………………… *61*
円筒度………………………… *125*
オンライン計測……………… *36*

【か】

回帰分析……………………… *42*
回転偏差……………………… *150*
回転割り出し………………… *152*
ガスコイン…………………… *74*
加速度………………………… *55*

寒暖計………………………… *144*
カンデラ……………………… *26*
器差補正……………………… *133*
基準平面……………………… *88*
キュービット………………… *18, 21*
曲尺…………………………… *17*
キログラム…………………… *25, 26*
キログラム原器……………… *25*
矩形分布……………………… *40*
くちばし……………………… *71*
クリプトン光源……………… *107*
クロストーク………………… *143*
形状測定……………………… *88*
ゲージブロック……………… *30*
ケルビン……………………… *26, 42*
原子間力顕微鏡……………… *160*
校正…………………………… *32*
高精度………………………… *12*
合成標準不確かさ…………… *35*
光電コリメータ……………… *152*
国際計量基本用語集………… *12*
国際度量衡局………………… *25, 32*
国際標準……………………… *37*
国家標準……………………… *37*
固有振動数…………………… *55*
コリメータ…………………… *140*

187

【さ】

- 最小2乗法················ 42
- 下げ振り定規············· 17
- 差動トランス············ 92,127
- 座標系···················· 88
- 座標軸···················· 86
- 三次元測定機············· 87
- 参照値···················· 12
- 3点法···················· 122
- ジェームズ・ワット······· 72
- シグマ···················· 35
- 視差（パララックス）····· 62
- 実効値··················· 129
- 10進法···················· 24
- 時定数···················· 44
- 尺························ 21
- 自由曲線················· 141
- 12進法···················· 24
- 主目盛···················· 18
- ジョウ···················· 71
- 定盤······················ 80
- 触針····················· 126
- 除振台···················· 56
- 真円度測定··············· 121
- 真円度測定器············· 123
- 真直性···················· 16
- 真直度··················· 131
- 真度······················ 12
- 振動加速度ピックアップ··· 148
- 新莽銅尺·················· 64
- 水準器·················· 16,17

- 推定法···················· 50
- すき見··················· 117
- 精確さ···················· 12
- 正規分布·················· 40
- 制御······················ 36
- 静電容量················· 114
- 静電容量式スケール······· 102
- 精度······················ 12
- 精密さ···················· 12
- 精密度···················· 12
- ゼーマン効果············· 109
- ゼロ膨張係数ガラス······· 30
- センチ···················· 27
- 線膨張係数················ 42
- 走査型トンネル顕微鏡···· 159
- 測定子···················· 82
- 測定力···················· 45

【た】

- 太閤検地·················· 24
- 大宝令···················· 24
- ダイヤルゲージ············ 82
- 玉尺······················ 67
- ダミー点·················· 91
- タリサーフ··············· 126
- タリロンド··············· 123
- 弾性変形·················· 50
- 超音波··················· 113
- 直尺······················ 63
- 直進偏差················· 150
- 直角定規················· 137
- 直径法··················· 121

ティーチング	91	半径法	122
データ処理	38	反転法	133
テープスケール	63	ピーク値	129
テーベの墳墓	16	光の干渉	104
テーラー・ホブソン社	124	ピコ	27
デシ	27	非接触測定	50
テストインジケータ	82	ピッチング	150
デバイダ	19	ヒューレット・パッカード社	107
デプスマイクロメータ	77	秒	26
電気水準器	140	標準温度	30
電気マイクロメータ	92	標準不確かさ	35
ドップラー効果	147	標準偏差	34, 35
度量衡	2, 24	表面粗さ	125
トレーサビリティ	37	尋	21
トンネル電流	159	品質管理	36
		品質保証	36

【な】

		フィート	21
内挿技術	98	フィゾー	106
ナノ	27	複合計測	000
ニュートン	27	副尺	66, 68
ねじマイクロメータ	72	輻射熱	144
熱画像	000	副目盛	18
熱電対	144	不確かさ	13, 32
熱容量	44	フックの法則	50
ノギス	66	ブラウン&シャープ	74
		プローブ	87

【は】

		プローブ補正	88
バーニヤ	66	ブロックゲージ	47, 80
バーニヤ・キャリパ	70	分散	35, 42
パスカル	27	分散分析	42
針	126	平均粗さ	129
パルマー	74	平均線	40

189

平均値 · *34, 40, 42*
平面性 · *16*
平面度 · *132*
ベッセル点 · *54*
ヘリウム―ネオン（He―Ne）ガスレーザ · *107*
ヘルツの式 · *47*
ペルテン · *126*
包含係数 · *35*
ボールバー · *154*

【ま】

マイクロ · *27*
マイクロメータヘッド · · · · · · · · · · · · · · · · · *77*
マイケルソン · *106*
マイケルソン干渉計 · · · · · · · · · · · · · · · · · · *107*
巻尺 · *46*
見積もり · *32*
ミリ · *27*
メイマン · *107*
メートル · *25, 26*
メートル原器 · *25*
メートル法 · *24*
メルトンナット · *95*
モアレ縞 · *97*
モアレスケール · *94*
モヘンジョダロ · *18*
モル · *26*

【や】

ヨーイング · *150*

ヨハンソン · *30, 80*

【ら】

ラジアン · *136*
リンギング · *82*
ルーリングエンジン · · · · · · · · · · · · · · · · · · · *94*
レイアウトマシン · · · · · · · · · · · · · · · · · · · *141*
レーザ干渉測長器 · *44*
レオナルド・ダ・ヴィンチ · · · · · · · · · · · *71*
レニショー社 · *110*
ロータリエンコーダ · · · · · · · · · · · · · · · · · *100*
ローリング · *150*
60進法 · *24*

【欧文】

Accuracy · *12*
AFM · *160*
GPS · *165*
GUM · *32*
ISO · *13, 30, 32*
ISO規格の230シリーズ · · · · · · · · · · · · · *149*
ISO 1/WD 1 · *30*
ISO 9000 · *36*
precision · *12*
SI単位系 · *26*
STM · *159*
trueness · *12*
uncertainty · *13*
Vブロック · *122*
VIM · *12*
X線CT · *169*

◆著者プロフィール◆

上野　滋（うえの・しげる）

現在は，ISO/TC39（金属加工工作機械）日本代表，精密工学会会員，日本機械学会会員，日本計量史学会会員，日本オーディオ協会会員，米国精密工学会会員，英国物理学会フェロー．

1945年生まれ，1969年に名古屋工業大学機械工学科を卒業し，機械工学科の助手となった．その後，（財）機械振興協会技術研究所に入所（1970年）し，1983年に，神戸大学大学院自然科学研究科生産科学専攻で博士課程修了（学術博士）．

機械振興協会技術研究所次長（生産技術部長兼任）に就任（1999年）し，機械振興協会の理事（技術研究所次長，計量技術部長兼任）に就任（2004年），機械振興協会を退任（2010年）．

・千葉大学共同研究推進センターの客員教授（1994〜1997）
・東京農工大学の客員教授（2006〜2010）

なお，業務に関わる表彰としては，工業標準化事業功労者として経済産業大臣より表彰（2003年），日本工作機器工業会より感謝状を受賞（2005年）日本機械学会より標準事業貢献賞を受賞（2008年），JSPE（精密工学会）より功労賞を受賞（2009年），日本工作機械工業会より感謝状を受賞（2011年）．

・主な著書

「2チャンネルFFTアナライザ活用マニュアル」（共著，日本プラントメンテナンス協会，1985）「モード解析の基礎と応用」（共著，丸善，1986），「新版精密工作便覧」（共著，コロナ社，1992），「インプロセス計測・制御・加工」（共著，日刊工業新聞社，1997），「精密の歴史」「共訳，大河出版，1993），「すぐに訳立つ精密機械技術ノート」（工業調査会，2006），「現場の計測技術＆データ処理」（2012年11月，大河出版），「精密機械の精度測定と評価」（日刊工業新聞社2011年），「精密モノづくりのすすめ」（2014年）など．

著者連絡先：ueno_nerima @ jcom.home.ne.jp

「はじめての計測技術・基本」（定価はカバーに表示してあります）

工業調査会より2000年に発売した「はじめての計測技術」を増補，改訂した書籍です．

2016年6月17日　初版第1刷発行

著　　者　上　野　　滋
発行者　　金　井　　實
発行所　　株式会社　大河出版
〒101-0046　東京都千代田区神田多町2-9-6
　　　　　TEL　03-3253-6282（営業部）
　　　　　　　　03-3253-6283（編集部）
　　　　　　　　03-3253-6287（販売企画部）
　　　　　FAX　03-3253-6448
Eメール：info@taigashuppan.co.jp
振　替　00120-8-155239番
表紙カバー製作　ＭＬＳ（小幡・しめぎ）
印刷・製本　奥村印刷株式会社

・この本の一部または全部を複写，複製すると，著作権および出版権を侵害する行為になります．
・落丁・乱丁本は営業部に連絡いただければ，交換いたします．

Ⓒ 2016　Printed in Japan
ISBN 978-4-88661-726-2 C 3053

大河出版・関連図書ガイド

●金属材料関係図書　●テクニカブックス　●でか版技能ブックス

熱処理技術入門
日本熱処理技術協会／日本金属熱処理工業会編
A5判　317ページ

切削加工のデータブック
ツールエンジニア編集部編
B5判　156ページ

入門・金属材料の組織と性質
日本熱処理技術協会編
A5判　318ページ

穴加工用工具のすべて
ツールエンジニア編集部編
B5判　172ページ

金属組織の現出と試料作製の基本
材料技術教育研究会編
A5判　304ページ

工具材種の選びかた使い方
ツールエンジニア編集部編
B5判　156ページ

機械加工のワンポイントレッスン
翁登　茂二・山住　海守共著
B5判　164ページ

旋削工具のすべて
ツールエンジニア編集部編
B5判　164ページ

熱処理108つのポイント
大和久　重雄著
B5変形判　160ページ

熱処理ガイドブック
日本熱処理技術協会編
A5判　266ページ

油圧回路の見かた組み方
佐藤　俊雄著
B5変形判　192ページ

形彫・ワイヤ放電加工マニュアル
向山　芳世監修
B5変形判　184ページ

工作機械特論
本田　巨範著
菊判　箱入上製本　922ページ

フライス盤加工マニュアル
本田　巨範監修
B5変形判　178ページ

旋盤加工マニュアル
本田　巨範著
B5変形判　246ページ

難削材＆難形状加工のテクニック
ツールエンジニア編集部編
B5判　164ページ

材料力学入門
中山　秀太郎著
A5判　224ページ

マシニングセンタのプログラム入門
ツールエンジニア編集部編
B5判　148ページ

エンドミルのすべて
ツールエンジニア編集部編
B5判　156ページ

よくわかる材料と熱処理 Q&A
大和久　重雄著
B5判　164ページ

NC旋盤活用マニュアル
ツールエンジニア編集部編
B5判　158ページ

測定器の使い方と測定計算
ツールエンジニア編集部編
B5判　163ページ

治具・取付具の作りかた使い方
ツールエンジニア編集部編
B5判　164ページ

測定のテクニック
技能士の友編集部編
B5変形判　172ページ

研削盤活用マニュアル
ツールエンジニア編集部編
B5判　163ページ

機械技術者のためのトライボロジー
竹内　榮一著
A5判　244ページ

新刊

匠のモノづくりとインダストリー4.0
第4次産業革命における日本の役割

柴田 英寿 著

インダストリー 4.0の「4.0」には、産業社会が迎える「第4次産業革命」を示している。工場の生産設備もWEBにつなげて、製造プロセスを遠隔地よりモニタし、リアルタイムのデータを手に入れて管理するためである。

「欧州の製造業は新興工業国に押され始めている。とりわけ製造業を中心に展開してきたドイツは、これを見過ごすことができない」として、インダストリー 4.0を提案したという。

インダストリー 4.0は、「つながる」、「代替する」、「創造する」という3つの概念があり、「代替する」とは、3Dプリンタやエネルギーマネジメント、バーチャル工場など、これまでの技法に代わる新しい手法の適用を意味している。そしてこの3つの視点から、モノづくりやサービスを進化させていく。

フォルクスワーゲン社は、「共通車台アーキテクチャ」というモデルで乗用車の基本性能を定義し、車両の6割を共通モジュール化し、これらのモジュールを組合わせて、次世代の新車を開発する体制にした。さらに工場設備もモジュール化することで、生産台数や車種の変化、技術革新に対する柔軟性を向上させている。

ドイツの自動車産業では、10年後を見据えて業界として足並みをそろえながら、それぞれが役割を分担しながらインダストリー 4.0を着実に進めている。いずれ日本の企業とも関わって対立することもあるだろう。日本の製造業も、顧客を指向した価値を起点とする「日本式インダストリー 4.0」を構築し対抗すべきだろう。

A5判　180頁
ISBN 978-4-88661-353-0　C1050
定価：本体2000円（税込：2160円）

大河出版
TEL 03-3253-6282　FAX 03-3253-6448
メール：info@taigashuppan.co.jp
〒101-0046 東京都千代田区神田多町2-9-6 田中ビル6階

携帯しやすい A5 判
「基礎から解説する現場の図解」シリーズ　第 3 弾

「現場の計測技術＆データ処理」
上野　滋 著

　機械加工におけるワークを，安定した品質で（Quality），適切な価格で（Cost），必要なタイミングで供給する（Delivery）ために必要な測定の基本を事例別に解説した本である．

　とりあえず読者がいま遭遇している品質に関わるトラブルに対応するページから読み始めて，関連する項目にも目を向けることによって，現場の計測トラブルが目に見えて減って行くのを想像しながら，日常作業を見直すことからはじめてみよう．

　もちろん，便利になった計測装置の原理についても，データ処理という方向から測定のツールについて基本から説明している．難解な測定を現象別に項目を起こして，現場のQC感覚で見直したものである．

☆主な内容

第 1 章　切削編
　　　　旋削（長手 / 端面）
　　　　正面フライス / エンドミル
　　　　工具の摩耗
第 2 章　研削編
　　　　円筒研削・平面研削
第 3 章　工作機械編
　　　　直進運動 / 相対運動（直線・回転軸の直角度）
　　　　回転運動（旋盤 / フライス盤）
　　　　回転テーブルと旋回軸
　　　　NC 位置決め
　　　　振動，熱変位，騒音，温度，動剛性
第 4 章　動作制御編
第 5 章　精密計測編
第 6 章　データ処理技術の基本
第 7 章　加工精度の要因

A5 判 180 ページ
ISBN978-4-88661-723-1

定価：本体 2000 円 （税込 :2160 円）

TEL 03-3253-6282　FAX 03-3253-6448
メール：info@taigashuppan.co.jp
〒101-0046　東京都千代田区神田多町 2-9-6　田中ビル